新型农民职业技能培训教材

猪病防治员

培训教程

张桂云　沈永恕　主编

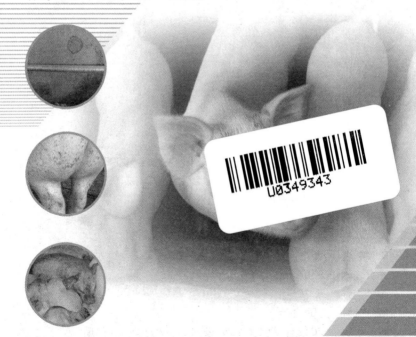

中国农业科学技术出版社

图书在版编目（CIP）数据

猪病防治员培训教程 / 张桂云，沈永恕主编 . —北京：中国农业
科学技术出版社，2012.7

ISBN 978 – 7 – 5116 – 0878 – 9

Ⅰ.①猪…　Ⅱ.①张…②沈　Ⅲ.①猪病 – 防治 – 技术培训 – 教材
Ⅳ.①S858.28

中国版本图书馆 CIP 数据核字（2012）第 069249 号

责任编辑	朱　绯
责任校对	贾晓红　范　潇

出 版 者	中国农业科学技术出版社
	北京市中关村南大街 12 号　邮编：100081
电　　话	（010）82106626（编辑室）　　（010）82109704（发行部）
	（010）82109709（读者服务部）
传　　真	（010）82109707
网　　址	http://www.castp.cn
印 刷 者	北京富泰印刷有限责任公司
开　　本	850mm ×1 168mm　1/32
印　　张	5.75
字　　数	154 千字
版　　次	2012 年 7 月第 1 版　2012 年 7 月第 1 次印刷
定　　价	17.50 元

前　言

　　近年来，养猪业快速发展，不断向集约化、现代化养猪迈进，但各种疫病的不断发生给养猪业的发展带来了极大危害，对局部地区的农业经济发展也产生了较为严重的影响，并影响到我们的食品安全和物价稳定。因此，提高养猪生产者的从业素质，强化猪病防疫工作，是养猪业健康发展的重要保障。

　　本书为配合国家阳光工程培训计划，紧扣动物疫病防治员国家职业标准，编写了针对农民从事养猪生产的猪病防治员培训教材，内容安排上本着简洁、易懂、实用的原则，循序渐进。首先安排了如何进行猪病的综合防控，尽量杜绝或减少疫病的发生和流行；其次安排了一旦发病，如何进行诊断和治疗；然后有选择的讲述了生猪生产过程中常见的各种疾病发病原因、诊断要点、防治措施。通过培训，使受训农民成为技术型的养猪生产者，促进我国生猪生产健康发展，提高养猪效益，增加农民收入。

　　本书通俗易懂，科学实用，既可作为猪病防治员的培训教材，也可作为养猪生产者及兽医人员的参考资料。

　　本书在编写过程中得到了许多同仁的关心和支持，参考引用了一些专家学者的研究成果和相关书刊资料，在此一并表示感谢。由于编者水平有限，书中不当之处，敬请专家同仁及广大读者批评指正。

编　者

目　录

第一章 猪病防治员职业概述

近年来，养猪业快速发展，不断向集约化、现代化养猪迈进，但各种疫病的不断发生给养猪业的发展带来了极大危害，对局部地区的农业经济发展也产生了较为严重的影响，并影响到我们的食品安全和物价稳定。因此，加强猪病防治员队伍建设，可以把猪病防疫工作强化到基层，有利于重大疫情的早发现、早上报、早处置，有利于各项疫病防控措施的落实，也是我国畜牧业健康发展的重要保障。

猪病防治员是服务于一线畜牧业的基层工作人员，是生猪强制免疫、疫病防控、疫情报告、生猪免疫档案建立、生猪标识加挂等工作实施的主力军。是动物疫病防治工作相关法律法规及政策的执行者、宣传者，是当地兽医行政主管部门落实动物疫病防控工作的得力助手。

一、猪病防治员职业概况

1. 概 述

猪病防治员是指从事生猪疫病防治工作的人员。按照《动物疫病防治员国家职业标准》猪病防治员共设三个等级，分别为：初级（国家职业资格五级）、中级（国家职业资格四级）、高级（国家职业资格三级）。

2. 基本要求

猪病防治员应具有初中及其以上文化程度，具有一定的学习和计算能力；嗅觉和触觉灵敏；手指、手臂灵活，动作协调。

3. 培训要求

猪病防治员接受全日制职业学校教育，具体要求应根据其培养目标和教学计划确定。猪病防治员晋级培训应按照国家相关规定的培训要求，培训期限：初级不少于 150 标准学时；中级不少于 120 标准学时；高级不少于 90 标准学时。

4. 工作职责

在当地兽医行政主管部门的管理下，在当地动物疫病预防控制机构和动物卫生监督机构的指导下，猪病防治员在其所负责的区域内主要承担以下工作职责。

（1）协助做好动物防疫法律法规、方针政策和防疫知识宣传工作。

（2）对本地区生猪的饲养及发病情况进行巡查，做好疫情观察和报告工作，协助开展疫情巡查、流行病学调查和消毒等防疫活动。

（3）负责本地区生猪的免疫工作，并建立生猪养殖和免疫档案。

（4）掌握本地生猪饲养情况，熟悉饲养环境，了解本地区生猪多发病、常见病、流行病情况，协助做好本地区生猪的产地检疫及其他监管工作。

（5）参与生猪重大疫情的防控和扑灭等应急工作。

二、猪病防治员必备的职业素养

1. 学习掌握相关法律法规和管理办法

猪病防治员要认真学习《中华人民共和国动物防疫法》、《重大动物疫情应急条例》、《动物疫情报告管理办法》、《畜禽标识和养殖档案管理办法》、《兽药管理条例》等法律法规，并将法律法规和管理办法中有关要求应用到生猪防疫工作中，做到知法、懂法、守法，成为相关法律的维护者、宣传者和实践者。

2. 有强烈的工作责任感

猪病防治员要爱岗敬业，热爱基层猪病防治工作，工作中要坚持原则，遵纪守法，不谋私利，严格履行工作职责，恪守职业道德，抱着对社会、对人类负责的强烈的责任感和使命感，认真做好基层猪病防控工作。

3. 学习业务知识，提高工作能力和服务水平

猪病防治员必须认真学习生猪疫病防控技术，熟练掌握生猪强制免疫、免疫档案建立、生猪疫情报告等技能，提高生猪疫病防控技术水平，能胜任并完成生猪疫病各项防控工作。

猪病防治员要养成终身学习的习惯，不断更新知识，及时掌握生猪疫病防控的新技术、新要求和疫病流行的新特点，不断提高适应生猪疫病防控新形势的工作能力和水平。

三、猪病防治员必备的专业素养

1. 具备系统的专业基础知识

猪病防治员应具备系统的生猪解剖生理基础知识、生猪病理学基础知识、兽医微生物与免疫学基础知识、常用兽药基础知识。并能将这些基础知识熟练地运用到生产实践中。

2. 具备系统的专业知识

猪病防治员应具备系统的生猪传染病防治知识、生猪寄生虫病防治知识、人畜共患传染病防治知识、生猪卫生防疫知识、生猪标识识别及佩戴技能。

猪病防治员应熟悉本地区生猪养殖状况及疫病流行规律，并熟悉生猪疫病防控措施。

猪病防治员职业要求详见附录二《动物疫病防治员国家职业标准》。

第二章 猪病综合防控措施

我国养猪业正在经历着由传统的小农经济生产方式向现代化、工业化养猪模式转变的重要时期，规模化养猪是现代化养猪的初级阶段，是养猪业向工厂化、机械化、知识化发展的必由之路。发展规模化养猪正在成为农业经济，特别是乡镇和村级经济新的增长点。长期以来，我国养猪业处于生产水平低、饲料转化率低、出栏率低、劳动生产率低、死亡率高的"四低一高"状况。疫病危害成为制约我国养猪业、特别是规模化养猪业发展的主要问题之一。在规模化养猪业发展的过程中，制定出一整套适合当前规模化养猪水平的综合防控措施，装备规模化猪场，成为兽医工作者的当务之急。

在规模化养猪生产过程中，主要要做好以下几方面的工作，防制疾病的发生和流行。

一、预防病原侵入

预防病原微生物侵入是防控疾病的最有效的措施。主要做好以下几个方面的工作，防止病原微生物侵入。

（一）合理建设猪场

1. 场址选择

猪场一般要求建在地形整齐开阔，地势较高、干燥、平坦或有缓坡，背风向阳、交通相对便利的地方。但因猪场的防疫需要和对周围环境的污染，又不可太靠近主要交通干道，最好离主要干道 400 米以上，同时，要距离居民点 500 米以上。如果有围墙、河流、林带等屏障，则距离可适当缩短些。禁止在旅游区及工业污染严重的地区建场。

2. 水源水质

猪场水源要求水量充足，水质良好，便于取用和进行卫生防护。水源水量必须能满足场内生活用水、猪只饮用及饲养管理用水（如清洗调制饲料、冲洗猪舍、清洗机具、用具等）的要求。

根据情况可自设水塔，以保证清洁饮水的正常供应，位置选择要与水源条件相适应，且应安排在猪场最高处。

3. 场地面积

猪场占地面积依据猪场生产的任务、性质、规模和场地的总体情况而定。生产区面积一般可按每头繁殖母猪40~50平方米或每头上市商品猪3~4平方米计划。

4. 猪场建设布局

应根据当地的自然条件，充分利用有利因素，从而在布局上做到对生产最为有利。

生产区 生产区包括各类猪舍和生产设施，这是猪场中的主要建筑区，一般建筑面积约占全场总建筑面积的70%~80%。种猪舍要求与其他猪舍隔开，形成种猪区。种猪区应设在人流较少和猪场的上风向，种公猪区在种猪区的上风向，防止母猪的气味对公猪形成不良刺激，同时可利用公猪的气味刺激母猪发情。分娩舍既要靠近妊娠舍，又要接近培育猪舍。育肥猪舍应设在下风向，且离出猪台较近。在设计时，使猪舍方向与当地夏季主导风向成30°~60°角，使每排猪舍在夏季得到最佳的通风条件。在生产区的入口处，应设专门的消毒间或消毒池，以便进入生产区的人员和车辆进行严格的消毒。

饲养管理区 饲养管理区包括猪场生产管理必需的附属建筑物，如饲料加工车间、饲料仓库、修理车间；变电所、锅炉房、水泵房等。它们和日常的饲养工作有密切的关系，所以这个区应该与生产区毗邻建立。

病猪隔离间及粪便堆存处 病猪隔离间及粪便堆存处，应远离生产区，设在下风向、地势较低的地方，以免影响生产猪群。

兽医室 应设在生产区内，只对区内开门，为便于病猪处理，通常设在下风方向。

生活区 包括办公室、接待室、财务室、食堂、宿舍等，这是管理人员和家属日常生活的地方，应单独设立。一般设在生产区的上风向，或与风向平行的一侧。此外猪场周围应建围墙或设防疫沟，以防兽害和避免闲杂人员进入场区。

场区道路 道路对生产活动的正常进行，对卫生防疫及提高工作效率起着重要的作用。场内道路应净、污分道，互不交叉，出入口分开。净道的功能是人行和饲料、产品的运输，污道为运输粪便、病猪和废弃设备的专用道。

绿化 绿化不仅美化环境，净化空气，也可以防暑、防寒，改善猪场的小气候，同时还可以减弱噪声，促进安全生产，从而提高经济效益。因此在进行猪场总体布局时，一定要考虑和安排好绿化。

（二）强化隔离消毒

猪场大门必须设立宽于门口、长于大型载货汽车车轮一周半的水泥结构的消毒池，并装有喷洒消毒设施。外来车辆必须在场外经严格冲洗消毒后才能进入生活管理区和靠近装猪台。人员进场时应经过消毒人员通道。外来人员来访必须在值班室登记，严禁任何车辆和外人进入生产区，把好防疫第一关。

生产区最好有围墙和防疫沟，并且在围墙外种植荆棘类植物，形成防疫林带，只留人员入口、饲料入口和出猪舍，减少与外界的直接联系。

生活管理区和生产区之间的人员入口和饲料入口应以消毒池隔开，人员必须在更衣室沐浴、更衣、换鞋，经严格消毒后方可进入生产区，生产区的每栋猪舍门口必须设立消毒脚盆，生产人员经过脚盆再次消毒工作鞋后进入猪舍，生产人员不得互相"串舍"，各猪舍用具不得混用。

装猪台平常应关闭，严防外人和动物进入；禁止外人（特别是猪贩）上装猪台，卖猪时饲养人员不准接触运猪车；任何猪只一经赶至装猪台，不得再返回原猪舍；装猪后对装猪台进行严格消毒。如果是种猪场应设种猪选购室，选购室最好和生产区保持一定的距离，介于生活区和生产区之间，以隔墙（留密封玻璃观察窗）或栅栏隔开，外来人员进入种猪选购室之前必须先更衣换鞋、消毒，在选购室挑选种猪。

饲料应由本场生产区外的运料车运到饲料周转仓库，再由生产区内的车辆转运到每栋猪舍，严禁将饲料直接运入生产区内。生产区内的任何物品、工具（包括车辆），除特殊情况外不得离开生产区，任何物品进入生产区必须经过严格消毒，特别是饲料袋应先经熏蒸消毒后才能装料进入生产区。有条件的猪场最好使用饲料塔，以避免已污染的饲料袋引入疫病。

（三）加强新引进猪的管理

新猪必须从已检测主要传染病为阴性的猪群引进，并经兽医检疫部门检疫合格。新引进的猪需至少隔离观察 30 天，经过驱虫、健康检查方可混群。

（四）其　他

场区严禁饲养其他动物，如猫狗等动物；尽量避免野兽、鸟类进入猪场；想法消灭老鼠、苍蝇、蚊虫。生产区内肉食品要由场内供给，严禁从场外带入偶蹄兽的肉类及其制品。

休假返场的生产人员必须在生活管理区隔离两天后，方可进入生产区工作，猪场后勤人员应尽量避免进入生产区。全场工作人员禁止兼任其他畜牧场的饲养、技术工作和屠宰贩卖工作。保证生产区与外界环境有良好的隔离状态，全面预防外界病原侵入猪场内。

谢绝参观活动，必须要参观时，参观人员和工作人员一样，必须严格消毒，并穿戴消毒的工作服和胶靴。

二、严格场区消毒

专业化猪场由于猪群饲养密度大,其周围环境长期受到各种病原的严重污染,对养猪生产形成很大的威胁。因此,强化防疫消毒,及时杀灭各种病原,切断传染途径,预防和控制疫病流行,是养猪场安全生产的关键措施之一。

(一) 消毒种类

猪场消毒根据防制传染病的作用及其进行的时间,可以分为预防性消毒和疫情期消毒;疫情期消毒又可分为疫情期间的消毒和疫情结束后的终末消毒。

1. 预防性消毒

在疫情静止期,为防止疫病发生,确保养猪安全所进行的常规性消毒。现代化猪场一般采用每月 1 次全场彻底大消毒,每周 1 次环境、栏圈消毒。

2. 疫情期消毒

疫情活动期间消毒是以消灭病畜所散布的病原为目的而进行的消毒。其消毒的重点是病猪集中点、受病原污染点和消灭传播媒介——昆虫(虱、蝇、蚊、虻等)。消毒工作应提早进行且每 2~3 天 1 次。疫情结束后,为彻底消灭病原体,要进行 1 次终末消毒。对病猪周围一切物品、猪舍、猪体表进行重点消毒。

(二) 消毒方法

1. 机械性消毒法

如栏圈清扫、洗刷、饲槽的清洗等。能从表面除去大约 25%~51% 的病原。机械的清除工作一般在消毒前进行,以减少污物的屏障作用,提高消毒效果。另外,通风换气可大大减少空气中的病原。

2. 物理消毒法

如通过日光照射、煮沸和高压蒸气、火焰消毒、紫外线照射、生物热（堆沤发酵）等杀灭病原微生物，从而达到灭菌消毒的目的。

　　猪场常在入口、更衣室用紫外灯照射消毒杀菌。也可用酒精、汽油、柴油和液化气喷灯，在猪栏、猪床等猪经常接触的地方，用火焰依次瞬间喷射进行火焰消毒，对产房、培育猪舍使用效果更好。

　　3. 化学消毒法

　　化学消毒剂可分为酸类（如硫酸等）、碱类（氢氧化钠等）、酚类（石炭酸、来苏儿等）、醇类（酒精）、氧化剂（漂白粉、高锰酸钾）、甲醛（37%～40%水溶液称福尔马林）和其他消毒药（如新洁尔灭等）。用化学消毒药消毒的方法主要有：

　　喷雾消毒　用一定浓度的次氯酸盐、有机碘混合物、过氧乙酸、新洁尔灭等，用喷雾装置进行喷雾消毒，主要用于猪舍清洗完毕后的喷洒消毒、带猪消毒、过道和进入场区的车辆消毒。

　　浸泡消毒　用一定浓度的有机碘混合物、新洁尔灭或来苏儿水溶液，进行洗手、洗工作服或胶靴。

　　熏蒸消毒　每立方米用福尔马林42毫升、高锰酸钾21克（也可用电炉等给福尔马林加热取代高锰酸钾），封闭熏蒸24小时，福尔马林熏蒸猪舍应在进猪前进行。

　　喷洒消毒　在猪舍周围、入口、产床和培育床下面撒生石灰或火碱来杀死病菌或病毒。

　　（三）消毒对象

　　猪场的消毒对象包括环境、栏圈、水、粪场及垫草等污物和车辆等，同时还包括猪体表消毒、杀灭老鼠、昆虫（蚊、蝇、虻）等方面的消毒。针对不同的消毒对象要采取不同的消毒方法。

　　1. 环境、栏圈的消毒措施

　　消毒前应冲洗栏圈，打扫环境，以减少有机物对病原的掩盖，使药液易于接触到病原体，增强消毒效果。同时要根据消毒杀菌对象选择消毒药物和消毒方法（表2-1）。

表2-1 猪场环境、栏圈消毒方法

消毒对象	药物与浓度	消毒方法	药液配制
场（舍）门口	5%氢氧化钠、0.5%过氧乙酸	药液水深20厘米以上，每周更换1次	投入消毒池内混合均匀
消毒池	5%来苏儿等		
环境（疫情静止期）	3%氢氧化钠、10%石灰乳等	喷雾，每周1次	
栏圈（疫情活动期）	15%漂白粉、5%氢氧化钠等	喷雾，每天1次	
土壤、粪便、粪池、垫草及其他污物	20%漂白粉、5%苯酚、生物热消毒法	浇淋、喷雾、堆积泥封发酵	与净水配制
空 气	紫外线照射、甲醛溶液加1倍水等	煮沸蒸腾0.5小时	
车 辆	与环境、栏圈消毒法相同		
饮 水	漂白粉(25%有效氯)、氯胺等	1吨水加6~10克漂白粉，1升水中加2克氯胺作用6小时	
污 水	漂白粉(25%有效氯)、氯胺等		与净水配制
猪舍带猪消毒	3%来苏儿等	喷雾、不定期	
猪驱体外寄生虫	1%~3%敌百虫等	喷雾，每周1次，连续3次	
杀灭老鼠	灭鼠剂	于老鼠出入处每月投放1次	以玉米粒等为载体
杀灭昆虫（蚊、蝇等）	95%敌百虫粉	喷洒或设毒蚊缸，每周加药1次	药15克加水7.5千克

注：（1）消毒药单独使用，不宜混合；

（2）冬季用温热水（20℃）配制消毒药液；

（3）环境、栏圈每平方米使用1升消毒药液；

（4）污水消毒时，视水污染程度不同、活性氯用量可酌情增减；

（5）带猪消毒选用对猪皮肤、黏膜无刺激或刺激较弱的药物。

2. 主要疫病的消毒措施

不同的病原对消毒剂的敏感度不同，消毒时应根据病原种类选择其最敏感的消毒剂（表2-2）。

表2-2　主要疫病的消毒方法

病名	药物及浓度	消毒方法	备注
口蹄疫	5%氢氧化钠；0.1%～0.05%过氧乙酸等	喷洒，每3天1次	避免猪与氢氧化钠溶液发生直接接触；热氢氧化钠消毒效果更好
猪瘟、伪狂犬病、蓝耳病、圆环病毒病、猪流感等	3%～5%氢氧化钠；5%漂白粉；3%来苏儿；生石灰等	喷洒，每5～7天1次	同上
乙型脑炎	5%石炭酸；5%漂白粉等	喷洒，每5～7天1次	每天用敌百虫毒杀蚊虫
病毒性腹泻	1%来苏儿，0.03%甲醛等	喷洒，每周1次	
大肠杆菌（黄白痢）等	2%氢氧化钠；4%福尔马林等	喷洒，先用氢氧化钠，再用福尔马林消毒、间隔10小时	母（仔）猪体表用0.15%氢氧化钠（热水）消毒

3. 生产过程中的消毒

配种员、分娩舍护理人员特别要注意防止母猪生殖道感染以及乳房炎的发生，因此工作时应用消毒药消毒手臂，戴上一次性胶皮手套再操作，对操作的部位也要消毒后再实施工作。仔猪出生后断尾、剪牙、去势、打耳号、注射时都要使用消毒过的器械，并注意消毒好伤口。各类猪转群前后栏舍要先进行卫生清洁，再用热水喷雾枪高压冲洗，待干燥后用消毒药再喷洒消毒，如果发生过大面积流行病的猪舍应反复消毒，至少空置2周后再进猪。

4. 器械、工具的消毒

防疫、治疗用的器械应分开使用，每次使用前后都要消毒。可用煮沸方式或消毒液侵泡消毒。

5. 尸体、粪便的处理

病死猪只解剖后要做无害化处理，焚烧或深埋。场地要清洗消毒，操作人员使用的工作服和工作鞋不要与饲养人员用的混穿。粪便不要在场内堆放，应集中放在场外固定区域堆积发酵，采用生物热消毒后再作肥料。

（四）消毒效果的检查

1. 清洁程度的检查

检查车间地面、墙壁、设备及圈舍场地清扫的情况，要求做到干净、卫生、无死角。

2. 消毒药剂正确性的检查

查看消毒工作记录，了解选用消毒药剂的种类、浓度及用量。要求选用的消毒药剂高效、低毒，浓度适宜。

3. 消毒对象的细菌学检查

消毒以后的地面、墙壁及设备，随机划区（10厘米×10厘米）数块，用消毒后的湿棉签，擦拭1～2分钟后，将棉签置于30毫升灭菌的生理盐水中浸泡5～10分钟，然后送化验室检验菌落总数、大肠杆菌和沙门氏菌。根据检查结果，评定消毒效果。

4. 粪便消毒效果的检查

用装有金属套管的温度计，测量发酵粪便的温度，根据粪便在规定时间内达到的温度来评定消毒效果。当粪便生物发热达60～70℃时，经过1～2昼夜，可以使其中的绝大多数细菌、病毒被杀灭。

（五）消毒的注意事项

1. 注意用药安全

烧碱、过氧乙酸等酸碱类消毒药易灼伤皮肤、黏膜，有很强的腐蚀性，消毒时要搞好防护，高浓度情况下不可带猪消毒。消毒后6小时，再用清水冲洗，方可圈猪，以防猪蹄和皮肤受损害。注意对金属、纤维织品等的防护。甲醛熏蒸、食醋熏蒸时要注意防火和人身安全。

2. 注意用药浓度

药液浓度低于有效浓度时，不能杀死病原微生物；浓度过高，则造成不必要的浪费。因药效达到一定浓度后，其效果不再增加。对一般暴发性疫病、抵抗力较强的病原，药物浓度可高些，反之，则应低些。消毒药的最适温度为 15～20℃，温度较低时，其消毒液应适当加温或增加药物浓度，温度低于 −5℃时，为防止消毒池里的消毒液结冰，可向消毒药中加适量氯化钠。

3. 注意消毒时间

消毒药物与病原接触时间的长短与其消毒效果密切相关。因此，为达到充分消毒的效果，必须根据不同消毒药达到各自规定的作用时间。

4. 药物相互颉颃作用

消毒药混用将会降低消毒效果或失去药效，甚至产生毒性，如碱性药物不能与其他药物混用；阴离子表面活性剂不能与阳离子表面活性剂混用；使用复合酚消毒剂时，不能使用喷过农药的喷雾器喷洒，以免意外中毒。大多数消毒药剂宜单独使用，如要混用要避免配伍禁忌。

三、定期驱虫

当前，规模化猪场不同程度的有寄生虫感染，包括寄生于体内的线虫、吸虫、绦虫和原虫以及寄生于体外的疥螨和血虱。疥螨导致过敏性瘙痒，引起猪采食量减少，部分仔猪变成僵猪。蛔虫感染，不但消耗了大量的饲料，还造成仔猪移行性肺炎和腹泻。苍蝇问题也一直困扰着养猪户，不但传播疾病，还令人畜不安。有效地制定驱虫灭蝇措施，是提高猪群生长速度和饲料报酬率的重要措施。

因此，各猪场应根据本场实际情况，选择驱虫药物，合理安排驱虫时间。在实际生产中一般应掌握以下几个要点：

（一）科学选用驱虫药物

目前，对猪场危害较大的寄生虫主要有疥螨、鞭虫、蛔虫、圆线虫、蚤、蚊、蝇等。选择药物要坚持"操作方便、高效、低毒、广谱、安全"的原则，且可以同时驱除猪体内外寄生虫的驱虫药物。在猪场使用效果较好的驱虫药主要有多拉菌素、伊维菌素、芬苯达唑、阿苯达唑及新型的伊维菌素和芬苯达唑复方驱虫药等。由于单纯的伊维菌素、阿维菌素对驱除疥螨等寄生虫效果较好，而对在猪体内移行期的蛔虫等幼虫则效果较差，而芬苯达唑、阿苯达唑则对线虫、吸虫、球虫及其移行期的幼虫、绦虫都有较强的驱杀作用，对虫卵的孵化有极强的抑制作用。所以可选用复方的驱虫药进行驱虫。

（二）科学安排驱虫时间

猪场驱虫要全群覆盖驱虫，有计划、预防性用药，防止再感染。目前常用"四加一"驱虫方法，即种公猪、种母猪每季度驱虫1次（即1年4次），每次用药拌料连喂7天；后备种猪转入种猪舍前驱虫1次，拌料用药连喂7天；初生仔猪在保育阶段，约50~60日龄驱虫1次，拌料用药连喂7天；引进猪混群前驱虫1次，每次拌料用药连喂7天；生长育成猪也应该驱虫，可在4月龄时，按上述要求重复驱虫1次。

这种模式直接针对寄生虫的生活史和在猪场中的感染分布情况及主要散播方式等重新构建了猪场驱虫方案。其特点是：加强对猪场种猪的驱虫强度，从源头上杜绝了寄生虫的传播，起到了全场逐渐净化的效果；考虑了仔猪对寄生虫最易感染这一情况，在保育阶段后期或在进入生长舍时驱虫1次，能帮助仔猪安全度过易感期。依据猪场各种常见寄生虫的生活史与发育期所需的时间，种猪每隔3个月驱虫1次，如果选用药物得当，可对蛔虫、毛首线虫起到在其成熟前驱杀的作用，从而避免虫卵排出而污染猪舍，减少重复感染的机会。

（三）正确安排驱虫方法

喂驱虫药前应先停喂一餐，使拌有药物的饲料能让猪一次性全部吃完，以节省药物和提高疗效。同时要加强饲养管理，保持圈舍干燥、清洁、卫生。驱虫后应将粪便清扫干净堆积起来进行发酵，一般在 56～70℃ 的温热作用下，经过一个月左右可全部杀死粪便中的虫卵和幼虫等，以防排出的虫体和虫卵被猪吃了而重新感染。

给猪驱虫时，应仔细观察。若猪出现中毒如呕吐、腹泻等症状，应立即将猪赶出栏舍，停止采食含有驱虫药的饲料，让其自由活动，缓解中毒症状；必要时可注射肾上腺素、阿托品等药品解救。

驱虫要定期进行，形成一种制度。不能随意想象或者明显看见猪体有寄生虫感染后才进行驱虫，或者是抱着一劳永逸的想法，认为驱虫 1 次就可高枕无忧。同时，猪场应做好寄生虫的监测，采用全进全出的饲养方式，搞好猪场的清洁卫生和消毒工作，严禁饲养猫、狗等宠物。同时加强发酵垫料的管理工作，通过发酵垫料的堆积发酵及时杀灭虫卵。

四、药物预防

猪场发生的传染病种类较多，目前有些传染病已研制出有效的疫苗，通过预防接种可以达到预防的目的。但还有不少传染病尚无疫苗可供使用，有些传染病虽有疫苗，但在生产中应用还有些问题。因此，对于这些传染病除了加强饲养管理、搞好生物安全、坚持消毒制度、定期进行检疫之外，有针对性的选择适当的药物进行预防，也是猪场防治传染病的一项重要措施。

（一）预防用药的原则

由于各种药物抗病原体的性能不同，所以预防用药必须有所选择。可按照以下原则选用药物，以提高药物预防效果。

（1）根据猪场与本地区猪病发生与流行的规律、特点、季节性等，有针对性地选择疗效高、安全性好、抗菌广谱的药物用于预防，方可收到良好的预防效果，切不可滥用药物。

（2）使用药物预防之前最好先进行药物敏感性试验，以便选择高敏感性的药物用于预防。

（3）保证用药的有效剂量，以免产生耐药性。不同的药物，达到预防传染病作用的有效剂量是不同的。因此，药物预防时一定要按规定的用药剂量，均匀地拌入饲料或完全溶于饮水中，以达到药物预防的作用。用药剂量过大，会造成药物的浪费，还可引起副作用；用药剂量不足，用药时间过长，不仅达不到药物预防的目的，还可能诱导细菌对药物产生耐药性。猪场进行药物预防时应定期更换不同的药物，即可防止耐药性菌株的出现。

（4）要防止药物蓄积中毒和毒副作用：有些药物进入动物机体后排出缓慢，连续长期用药，可引起猪体药物蓄积中毒。有的药物在预防疾病的同时，也会产生一定的毒副作用。如长期大剂量使用喹诺酮类药物会引起猪的肝肾功能异常。

（5）要考虑品种、性别、年龄与个体差异。幼龄猪、怀孕母猪，对药物的敏感性比成年猪和公猪要高，所以药物预防时使用的药物剂量应当小一些。体重大、体质强壮的猪比体重小、体质虚弱的猪对药物的耐受性要强。因此，对体重小的与体质虚弱的猪，应适当减少药物用量。

（6）要避免药物配伍禁忌。当2种或2种以上药物配合使用时，如果配合不当，有的会发理化性质的改变，使药物产生沉淀、分解、结块或变色，结果出现减弱预防效果或增加药物的毒性，造成不良后果。如磺胺类药物（钠盐）与抗生素（硫酸盐或盐酸盐）混合产生中和作用，药效会降低。维生素 B_1、维生素 C 属酸性，遇碱性药物即可分解失效。在进行药物预防时，一定要注意避免产生药物配伍禁忌。

（7）选择最合适的用药方法。不同的给药方法，可以影响药物的吸收速度、利用程度、药效出现时间及维持时间，甚至还可引起药物性质的改变。药物预防常用的给药方法有混饲给药、混水给药及气雾给药等，猪场在生产实践中可根据具体情况，正确地选择给药方法。

（二）预防用药的方法

1. 混饲给药

将药物拌入饲料中，让猪只通过采食获得药物，以达到预防疫病的目的。

本法的优点是省时省力，投药方便，适宜群体给药，也适宜长期给药。混饲给药时应注意以下问题：（1）药物用量要准确无误；（2）药物与饲料要混合均匀；（3）饲料中不能含有对药效质量有影响的物质；（4）饲喂前要把料槽清洗干净，并在规定的时间内喂完。

2. 混水给药

将药物加入饮水中，让猪只通过饮水获得药物，以达到预防传染病的目的。这种方法的优点是省时省力，方便实用，适用于群体给药。其缺点是由于猪只饮水时往往要损失一部分水，因此，用药量要大一些。另外由于猪只个体之间饮水量不同，每头猪获得的药量可能存在差异。混水给药时应注意以下问题：（1）使用的药物必须能完全溶解于水中；（2）要有充足的饮水槽或饮水器，保证每头猪在规定的时间内都能喝到足够量的水；（3）饮水槽和饮水器一定要清洗干净；（4）饮用水要清洁卫生，水中不能含有对药物质量有影响的物质；（5）药物使用的浓度要准确无误；（6）饮水给药之前要停水一段时间，夏天停水 1~2 小时，冬天停水 3~4 小时，然后让猪只饮用含有药物的水，这样可使猪只在较短的时间饮到足量的水，以获得足量的药物。

（三）药物预防在养猪生产中的实际应用

1. 猪腹泻性疾病的药物预防

（1）仔猪出生后，吃初乳之前，每头口服庆大毒素、硫酸安普霉素或硫酸新霉素 2~4 国际单位，可预防仔猪黄、白痢的发生。

（2）仔猪出生后 3 天注射 0.1% 亚硒酸钠和牲血素，每头肌注 2 毫升，可预防贫血、缺硒及拉稀等。

（3）仔猪出生后第 3、第 7、第 21 天各注射 1 次长效土霉素，可预防各种细菌感染。

2. 呼吸道疾病的药物预防

（1）40~60 日龄猪，每吨饲料中加入泰妙菌素 100 克和强力霉素 300 克，连喂 1 周，预防猪气喘病及呼吸道细菌性疾病等。

（2）每吨饲料中加入 80% 泰妙菌素 80 克 + 强力霉素 150 克 + 阿莫西林 150 克，拌料、连喂 7 天，预防猪气喘病、副猪嗜血杆菌病、传染性胸膜肺炎、猪肺疫等呼吸道及肠道细菌性疾病。

（3）每吨饲料中加入泰乐菌素 100 克和磺胺嘧啶 100 克，混合拌入料中喂猪，连喂 4 周，预防传染性萎缩性鼻炎。

（4）用阿莫西林 100 克／吨水，每月饮用 2 次，每次连续饮 5 天；或氧氟沙星 100 克／吨水，每月饮用 2 次，每次连续饮水 3 天，预防消化道、呼吸道及泌尿系统细菌感染。

（5）氟苯尼考或替米考星按每吨饲料加入 50~100 克拌料，连喂 3~5 天，预防猪气喘病、副猪嗜血杆菌病、传染性胸膜肺炎等呼吸道疾病。

3. 种猪疾病的药物预防

母猪产前、产后 7 天，按每吨料加入 80% 泰妙菌素 80 克 + 强力霉素 150 克 + 阿莫西林 150 克，拌料、连喂 7 天；预防支原体病、无乳症、产后感染等。

（四）养猪场实施药物预防应注意以下问题

（1）注意鉴别真假兽药。猪场用于防治猪病的各种兽药、生物制品、药物添加剂及微生态制剂等一定要从国家批准的生产厂家购买，并认定其批准文号、生产许可证、生产日期、质量标准、保存期等，严禁购买无证的假劣兽药，以免贻误疫病的防治，造成重大的经济损失。

（2）药物预防要按药物使用规定的停药期停止使用，以免因药物残留危害公共卫生。

（3）投放药物剂量要足，给药方法要正确，混料搅拌要均匀，混水溶解要完全，用药时间要合理。

（4）每次进行药物预防时，对使用的药物名称、剂量、方法及用药时间要详细记录，以便及时观察，随时处理可能出现的问题。

五、免疫接种

目前有些传染病已研制出有效的疫苗，通过预防接种可使猪只产生特异的抵抗力，使易感个体转变成不易感个体，以达到预防发病的目的。这是控制传染病的重要措施之一，具体内容将在第三章论述。

第三章 猪场的免疫接种技术

免疫接种是利用人工生产的各种免疫制剂激发动物机体产生特异抵抗力，使易感动物转化为不易感动物的重要手段。选择合适的疫苗，有组织有计划的进行免疫接种，是预防和控制集约化养殖场疫病流行的重要措施，在某些疫病如猪瘟、伪狂犬、蓝耳病等病的防制措施中，免疫接种更具有关键性的作用。各场应根据本地区疫病流行情况选择使用疫苗种类、接种方法和免疫程序，并根据防疫效果和本地区疫病流行情况，定期修订。

免疫的成败，取决于疫苗的质量和免疫程序是否正确。一种优质的疫苗必须有良好的运输、保存条件和正确的使用方法，才能产生良好的预防效果。

一、疫苗的种类和运输保管要求

目前猪场常用的疫苗、菌苗有 4 种剂型：第一种是真空冻干苗，第二种是加氢氧化铝的灭活苗，第三种是加油佐剂的灭活苗，第四种是湿苗。第一种和第四种是活苗，需要低温（ $-4 \sim -15 ℃$ ）运输、保存。温度高了，病毒和细菌就容易死亡，失去预防作用。第二种和第三种是灭活苗，只能在 $2 \sim 15 ℃$ 的条件下保存，需防止冻结，否则就失去免疫效果。使用真空冻干苗时，应检查苗瓶的真空状态，可用消毒注射器吸取稀释液后，将注射器针头插入疫苗瓶内，如果稀释液自动流入瓶内，说明苗瓶真空，可以使用，否则不能使用。使用氢氧化铝苗时，必须充分摇匀，方可使用。油佐剂苗在保质期内，不应出现分层现象，否则不宜使用。

二、常用免疫程序

在制定免疫程序时，应考虑以下因素：第一，是当地的疫病流行情况和严重程度，以决定接种疫苗的种类和接种时间。如本地过去未曾发生过某种传染病，现在又未受到威胁，则无须进行该传染病的预防接种；第二，要考虑仔猪母源抗体的水平，因为母源抗体会干扰首次免疫效果；第三，要考虑上次免疫引起的残留抗体水平，过早接种，可能影响免疫效果；过迟接种，容易遭受疫病侵袭；第四，要考虑疫苗种类，油佐剂或氢氧化铝灭活苗注射后，需 2～3 周才产生较强的免疫力，但受母源抗体影响小；弱毒活苗免疫后，一般 1 周就能产生较强的免疫力，但受母源抗体影响大；第五，要考虑免疫接种方法，应按疫苗使用说明书操作，不可随意改变；第六，要考虑猪体的健康状况和生产状态。对不健康的和免疫器官发育不全的猪，不宜免疫接种；对要分娩的母猪要暂缓接种，以防引起流产；第七，要考虑疫苗的联合应用，不能为了省时省力，把几种疫苗同时注射。目前只允许猪瘟、猪肺疫、猪丹毒 3 种疫苗同时使用。首免最好不用联合疫苗。

下面推荐一般猪场常用的免疫程序：

（一）猪瘟

1. 规模养猪场免疫商品猪

25～35 日龄初免，60～70 日龄加强免疫 1 次。种猪：25～35 日龄初免，60～70 日龄加强免疫 1 次，以后每 4～6 个月免疫 1 次。

2. 散养猪免疫

每年春、秋两季集中免疫，每月定期补免。

3. 使用疫苗种类

可用猪瘟活疫苗；在广东、广西、四川、河南、山东、江苏、辽宁、福建等批准省（区）使用传代细胞源疫苗。

4. 免疫方法

各种疫苗免疫接种方法及剂量按相关产品说明书规定操作。

5. 免疫效果监测

免疫 21 天后，进行免疫效果监测。猪瘟抗体正向间接血凝试验抗体效价≥25 判定为合格。存栏猪抗体合格率达到≥70%判定为合格。

（二）高致病性猪蓝耳病

1. 规模养猪场免疫

商品猪：使用活疫苗于断奶前后初免，4 个月后免疫 1 次；或者使用灭活苗于断奶后初免，可根据实际情况在初免后 1 个月加强免疫 1 次。种母猪：使用活疫苗或灭活疫苗进行免疫，70 日龄前免疫程序同商品猪，以后每次配种前加强免疫 1 次。种公猪：使用灭活疫苗进行免疫，70 日龄前免疫程序同商品猪，以后每隔 4 ~ 6 个月加强免疫 1 次。

2. 散养猪免疫

春、秋两季对所有猪进行一次集中免疫，每月定期补免。有条件的地方可参照规模养猪场的免疫程序进行免疫。

3. 使用疫苗种类

高致病性猪蓝耳病活疫苗、高致病性猪蓝耳病灭活疫苗。

4. 免疫效果监测

活疫苗免疫 28 天后，进行免疫效果监测。高致病性猪蓝耳病 ELISA 抗体 IRPC 值 > 20 判为合格。存栏猪免疫抗体合格率≥70%判定为合格。

（三）口蹄疫

1. 规模养猪场免疫

仔猪 28 ~ 35 日龄时进行初免，间隔 1 个月后进行 1 次强化免疫，以后每隔 4 ~ 6 个月免疫 1 次。

2. 散养猪免疫

春、秋两季对所有易感猪进行一次集中免疫，每月定期补免。有条件的地方可参照规模养猪场的免疫程序进行免疫。

3. 使用疫苗种类

猪口蹄疫 O 型灭活类疫苗，口蹄疫 O 型合成肽疫苗（双抗原）。

4. 免疫效果监测

猪免疫 28 天后，进行免疫效果监测。O 型口蹄疫：灭活类疫苗抗体正向间接血凝试验的抗体效价≥25 判定为合格，液相阻断 ELISA 的抗体效价≥26 判定为合格，合成肽疫苗 VP1 结构蛋白抗体 ELISA 的抗体效价≥25 判定为合格。存栏猪免疫抗体合格率≥70% 判定为合格。

（四）猪乙型脑炎

在蚊蝇季节到来前（约 4～5 月份）用乙型脑炎疫苗对 100 日龄至初配的公、母猪进行免疫接种 1 次。

（五）猪细小病毒

对种公猪、种母猪，每年用猪细小病毒疫苗免疫接种 1 次。

（六）猪流行性腹泻及猪传染性胃肠炎

母猪产前 15～30 天，分别以猪流行性腹泻疫苗或猪传染性胃肠炎疫苗免疫接种 1 次，也可用猪流行性腹泻及猪传染性胃肠炎二联苗免疫接种。对于断奶后各种日龄的猪，也可用上述疫苗免疫接种。

（七）猪伪狂犬病

3 日龄猪伪狂犬基因缺失弱毒疫苗首免，55 日龄猪二免。母猪临产前 1 个月和产后 25 天分别免疫。

（八）仔猪大肠杆菌病

妊娠母猪于产前 40～42 天和 15～20 天用大肠杆菌腹泻菌苗（K88、K99、987p）分别免疫接种 1 次。仔猪通过初乳抗体获得被动免疫。

猪丹毒、猪肺疫、猪支原体肺炎、仔猪副伤寒、猪链球菌病、仔猪红痢、猪萎缩性鼻炎等疫苗的使用，可根据不同猪场的具体情况选择。

三、猪场常见免疫失败的原因分析

免疫失败就是进行了免疫，猪群不能产生抵抗感染的足够保护力，仍然发生相应的亚临床型疾病或临床型疾病。随着我国养猪业的发展，猪场免疫失败问题日益严重。造成免疫失败原因主要有如下几个方面：

（一）疫苗剂量不足，疫苗中病毒免疫原性差

疫苗本身病毒含量不足，生产疫苗的病毒免疫原性差会直接引起免疫失败；另外，疫苗的保存、运输、使用不当，也会导致疫苗剂量不足，免疫失败，如活苗室温下保存时间过长，引起病毒失活；注射时针头过粗，注射后疫苗流出；注射时使用消毒剂过多，都会造成对活苗的破坏。

（二）疫苗毒株的血清型和流行毒株不吻合

有些病毒有多个血清型或血清亚型，或病毒容易发生变异，不同亚型间又不能很好的交叉保护，如口蹄疫病毒、猪流感病毒、副猪嗜血杆菌都存在血清型众多的现象。如果疫苗中不包含流行的血清亚型或新的变异毒株，就会引起免疫失败。

（三）猪体的免疫功能受到抑制

1. 猪体自身免疫功能低下

由于遗传的原因或年龄的原因，免疫功能低下。

2. 营养不良

供给猪体的蛋白质、维生素和微量元素不足或其本身消化吸收不良，导致营养不良性免疫抑制。

3. 毒物与毒素引起免疫抑制

猪只食入真菌毒素或重金属、杀虫剂等可损害免疫系统，引

起免疫抑制。如霉变饲料含有多种霉菌毒素，可引起肝细胞的变性和坏死，淋巴结出血、水肿，严重破坏机体的免疫器官，造成机体的免疫抑制。

4. 药物引起免疫抑制

某些药物如氟苯尼考、卡那霉素、磺胺类、抗病毒化学药物（如病毒唑）、皮质激素等，对机体 B 淋巴细胞的增殖有一定抑制作用，能显著影响细菌性和病毒性疫苗的免疫效果。尤其在免疫前后不规范地使用这些药物，可导致机体白细胞减少，从而影响免疫应答。

5. 病原体感染引起免疫抑制

免疫抑制性疾病如猪繁殖与呼吸综合征、圆环病毒病、伪狂犬病、支原体肺炎等都能破坏猪的免疫系统，造成不同程度的免疫抑制，导致相关疫苗免疫失败。

（四）免疫程序不合理

未充分考虑当地疫病流行情况、猪群的免疫状况、本场的饲养管理等实际情况，导致免疫时猪群已经发生感染或残留抗体水平较高，都会影响免疫效果，引起免疫失败。

（五）免疫耐受

免疫耐受是指对正常情况下应引起免疫反应的抗原物质表现为无反应性。发生免疫耐受后，对相应的疫苗注射不产生免疫反应，但受野毒感染后可发病。母猪带有猪瘟病毒的现象在我国相当普遍，带毒母猪通过垂直传播引起先天感染猪瘟的仔猪产生后天免疫耐受，经反复注射疫苗不产生抗体，成为持续性感染的带毒猪，遇到猪瘟强毒感染就会发生猪瘟。

第四章　猪病的诊疗方法及病料选送

熟练掌握猪病的诊断和治疗方法，能够更好的服务于养猪生产；同时对于一些养殖场不能准确诊断的病例，就要靠一些疾病诊断中心、科研单位和高校进行实验室诊断，那就需要基层工作者熟悉不同疾病进行实验室诊断的病料选取要求和正确的保存、送检方法。

一、猪的保定法

猪的保定是猪病诊疗过程中经常使用的方法和手段，只有安全有效的保定，才能进行猪病的检查、打针或灌药等。

在实施保定之前，避免对猪产生刺激，小心地从猪后方或后侧方接近，用手轻搔猪背部、腹部、腹侧或耳根，使其安静，接受诊疗。从母猪舍捕捉哺乳仔猪时，应预先用木板或栏杆将仔猪与母猪隔离，以防母猪攻击人身。常用的保定方法有：

（一）单人徒手保定

主要适合 10 千克左右的仔猪。

（1）两手握住猪两后肢飞节，向上提举，使其腹部向前呈悬倒立，用两条腿将背部夹住固定。

（2）双手抓住猪的两耳，将头向上提起，使猪腹部向前，再用两腿夹住猪的背腰使其固定。

（3）把猪抓住后，左手抓住两耳，右手捏住猪尾。

（二）横卧保定

适用于大猪侧胸部的手术或去势等。一人抓住猪的后腿，另一人握住猪耳朵，两人同时向一侧用力将猪扳倒，并适当按住颈及后躯，用绳拴住四肢加以固定。

（三）倒立保定法

适用于阴囊疝和腹股沟疝手术等。用绳分别拴住两后肢飞节，使猪头部朝下，绳子另一端吊在横梁上。

（四）绳套保定

适用于中猪打针、胃管投药及其他疗法。把绳一端做一个活套，在猪张口时，用绳套套住上腭，勒紧，由一人拉紧，或将绳的一端拴在栏杆上，这时，猪呈现用力后退姿势，可保持安全站立状态。

（五）木棒保定法

适用于大猪和性情凶狠的猪。用一根木棒，末端系一根麻绳，再用麻绳的另一端在近木棒末端做成一个固定大小的套，将套套在猪上颌骨犬齿的后方，随后将木棒向猪头背后方转动，收紧套绳，即可将猪保定。

（六）网架保定法

适用于一般检查及耳静脉注射。取 2 根木棒或竹竿，用绳在架上编织成网并将网架放在地上，把猪赶至网架上，随即抬起网架，将木杆两端放于木凳上，使四肢落入网孔并离开地面，令猪无力挣扎而被固定。

（七）猪群互相拥挤保定方法

适用于大群猪注射。对健康猪群进行预防注射时，可用一扇门将猪群轰赶到圈舍的一角，由于猪互相挤在一起，不能动弹，即可瞅准机会迅速进行注射；最好是注完 1 头后马上用颜色水液标记，以免重注。

二、猪病的诊断方法

（一）看动作及精神

健康猪尾巴不停地摇摆，梢部微卷曲，对外界刺激反应灵敏。喂食时应声而来，吃饱后倒地就睡。如果猪只头尾下垂，两眼无神，眼角有眼屎，背脊发硬，常趴在墙角或行走摇晃，则为病猪。

（二）看皮肤及毛色

健康的猪，皮肤光滑圆润，毛色光亮，肌肉丰满富有弹性。如果猪被毛逆立、粗乱，肤色发红、发黄、发绀，皮肤出现疹块、红斑或出现出血点等，则表明该猪患病。

（三）看鼻盘及呼吸

健康的猪，鼻盘潮湿有汗珠，颜色稍红而清洁，无污浊黏液；呼吸均匀，每分钟 10 ~ 20 次。病猪鼻盘干燥无汗、龟裂或附有较多污浊黏液，鼻孔有大量鼻涕溢出。鼻镜干燥是体温升高发烧的表现；鼻腔有大量鼻液流出，多为流行性感冒；如鼻液带血、打喷嚏，可能是传染性萎缩性鼻炎；如有泡沫样带血鼻液流出，则为传染性胸膜肺炎或传染性浆膜炎；鼻镜有水疱，可能为口蹄疫或水疱病。患传染病、发烧的猪，呈腹式呼吸。

（四）看肛门及粪便

健康的猪，肛门干净无粪便；粪便成结节状、松散，外表光滑湿润。如发现肛门周围污秽，尾巴粘有稀粪；粪便干硬或稀软甚至呈水样，可见未消化的饲料；粪便外表附有黏液或黏膜，色泽异常，甚至有血液，则为病猪。粪便呈黄白色，且无血、无臭、无黏液，多为一般性腹泻；水样腹泻、伴有腥臭味，多为病毒性腹泻；先便秘后拉稀，且伴有较多的血液和黏膜，则为猪瘟。

（五）看尿液

健康的猪尿液呈无色或淡黄色、澄清透明。如尿液发黄、发红，浑浊不透明则为病猪。

（六）听声音、摸耳根

健康的猪无呼吸杂音、叫声清脆洪亮，病猪则咳嗽、打喷嚏，叫声嘶哑或哀嚎。手摸健猪耳朵感到温热；病猪则耳尖发凉、耳根发热。

（七）查体温

健康的猪体温为 38.0～39.5℃，过高或过低则为不正常。体温升高多为传染性疾病或呼吸道、消化道等组织炎症；体温降低多为中毒、衰竭、营养不良、贫血等。

（八）查口腔

嘴唇内面、齿龈、黏膜、舌面有水疱，为口蹄疫或水疱病；口腔黏膜发红、温度高、肿胀、唾液多，无其他病理变化多为口炎；舌面上有糠麸状舌苔，同时臭味大，不吃食，多是胃炎。

（九）询问分析

通过向饲养员询问发病时间、发病数量、发病范围、饮食变化、疾病发展情况，并把问到的情况与前面看到的现象联系起来，首先判断是不是传染病，然后再把各种猪病的发病、流行规律联系起来综合分析，及时准确地找出导致疾病发生的原因。

三、猪的给药方法

（一）口服给药法

1. **拌料或饮水自服**

若猪能吃食，最好将定量药物均匀地混入少量精饲料或饮水中，让猪自己服用。

2. **器械喂服**

将药物调成糊状或液体，待保定猪后，用药匙或灌药瓶从猪舌侧面靠腮部倒入，一般采取间歇、少量多次慢喂，切忌过量、过急，以免药物呛入气管，引起异物性肺炎或窒息死亡。小猪也可直接用注射器或其他容器灌入口中。

3. **胃导管灌服**

将开口器由口的侧方插入，开口器的圆孔置于口中央，术者将胃导管的前端经圆孔插入咽部，不断刺激会厌软骨，随着猪的吞咽动作而将胃导管插入食道内；如果误插入气管，则猪表现为不安，时有咳嗽，用嘴唇吸胃导管的口时不沾嘴唇而有空气呼出，或能听到管内有空气呼出声，应立即拔出胃导管重新插。灌药时，药量不宜过多，胃导管插入不宜过浅，严防药物误入气管而导致异物性肺炎或猪窒息死亡。

（二）肌内注射给药法

将药液注入肌肉丰满处，如臀部或颈部，肌肉组织血管丰富，神经分布较少，吸收速度比皮下快，一般经 5～10 分钟即可产生药效。

方法是将吸有药液的注射器针头迅速垂直刺入肌肉内 3～4 厘米（大猪），在刺入的同时将药液注入。

混悬剂、油剂均可肌内注射，刺激性较大的药物应注入肌肉深部，药量多的应分点注射，每点不超过 10 毫升。

（三）皮下注射给药法

将药物注入猪的耳根后或股内侧皮下疏松结缔组织中，经毛细血管、淋巴管吸收，一般注射后 10～15 分钟产生药效。

皮下注射，药液吸收缓慢而均匀，药效持续时间较长。多用于易溶解、无强刺激性的药品及疫苗，如伊维菌素宜皮下注射。刺激性药物和油类药物不宜皮下注射，否则易造成组织发炎或坏死。

在股内侧注射时，注射者应以左手的拇指与中指捏起皮肤，食指压其顶点，使其呈三角形的凹窝，右手持注射器直刺入凹窝中心皮下约 2 厘米（此时针头可在皮下自由活动），左手放开皮肤，抽动活塞不见回血时，推动活塞注入药液。在耳根后注射时，由于局部皮肤紧张，可不捏起皮肤而直接垂直插入约 2 厘米。小猪注射深度酌浅。

（四）耳静脉注射给药法

是将药物直接注入耳静脉，药液很快进入血液循环，药效产生得最快，剂量准且少（静脉注射量为肌内注射量的 1/2～3/4，

适用于急性严重病例及注射量大的药物）。混悬剂、油剂等不能
静脉注射。

首先助手将猪横卧保定，一手握压耳根使静脉隆起；术者用
左手拇指和中指捏住近耳尖处的耳静脉血管，食指在耳下面托
住，右手持针，取 15°～20°角一次刺透皮肤进入血管，如针头
刺入静脉可见血回到注射器内，此时再伸入 1 厘米；然后用左手
将针头与血管紧捏在一起，以防止针头脱出，右手慢慢推注
药液。

（五）腹腔注射给药法

将药物直接注入腹腔，经腹腔吸收后产生药效。因腹腔面积
大，药效产生迅速，可用于剂量较大、不宜经静脉注射给药的药
物。也可用于久病体弱、耳静脉注射困难的病猪或仔猪。

大猪在右髋关节下缘的水平线上，距离最后肋骨数厘米处的
凹窝部刺入；仔猪可由助手倒提后腿（使其内脏下移），肚皮朝
外，术者在倒数第 2 对乳头处，于腹中线旁开 2 厘米左右的腹
壁，先擦碘酊、酒精严格消毒后，右手持连接 12 号针头的注射
器，垂直刺入腹腔 1～1.5 厘米，回抽注射器活塞，如无气体和
液体时，即可缓缓注入药液。注入药液后，拔出针头，局部再进
行消毒处理。

（六）穴位注射给药法

将药液注入一定的穴位内，药物沿经络直达相应的病理组织
和器官而治疗猪病。这种方法充分发挥了经穴和药物两者对疾病
的综合效能，达到治疗疾病的目的。穴位注射给药适应症广、疗
效显著、节省药物。

如后海穴（又称交巢穴，位于肛门与尾根之间的凹陷处）
注射庆大霉素、痢菌净、恩诺沙星等，防治仔猪白痢远比肌内注
射的效果好；后海穴注射口蹄疫高效浓缩灭活苗比肌内注射产生
的抗体水平高；而传染性胃肠炎与流行性腹泻二联苗必须后海穴
注射，肌内注射无效。

（七）皮肤给药法

将药物涂擦、喷洒于皮肤表面。此法多用于杀灭体外寄生虫，或治疗皮肤疾患。

如用 25% 杀虫菊酯 1：250 倍稀释液全身喷雾，可治疗猪疥癣及其他体外寄生虫病。

（八）直肠给药法

直肠给药也称灌肠，多用于通便，也可用于补充营养与电解质。

（九）黏膜给药法

黏膜给药最常用的就是使用 0.1% 的高锰酸钾溶液冲洗已脱出的子宫、阴道或直肠。

（十）气管注射给药法

适用于慢性呼吸道疾病，如猪喘气病的治疗。

先将猪仰卧保定，在气管的上 1/3 与中 1/3 交界处局部消毒，左手拇指和中指固定住气管，右手持针，自两个软骨环之间刺入。刺入气管后，感到毫无阻力，抽活塞大量回气，即缓慢注入药液，需要注意的是，一头猪的注射总量不超过 10 毫升，注完后拔出针头，注射部位消毒，保持仰卧位置 1~2 分钟。

四、病料的采取、保存与送检

为了进一步确定疾病或病变的性质，往往需要从活体或尸体上采取一定的病料进行病原学、血清学或病理组织学检查。选取合适的病料，是进行正确检验工作的重要一环。

（一）病料采集

1. 部位的选择

应根据传染病的性质，从临床症状或病变明显的病例采取；如有明显神经症状的病例应采取脑、脊髓等。难以估计何种传染病时，可采取全身各器官组织或有病变的组织；对流产的胎儿或仔猪可整个包装。

2. 取样时间的选择

为了提高检出率，应自发病初期的、临床症状明显的、未经抗生素药物治疗的病猪采取。采病料的时间应在病猪死后尽早进行，越早越好，夏天不超过 6 小时，最好在病猪死后 2 小时内采取。

3. 不同检验目的取样要求

微生物学检验材料必须进行无菌操作取样：所用的器械、容器等均应经过灭菌；各种脏器应分别装入不同的容器内。

病理组织学检验的材料应具有代表性：所取病料应照顾到疾病或病变的全面性和代表性；必须选取新鲜病料，腐败、溶解的组织不宜作组织学检查；采集的病料，可放在容器内并用 10% 的福尔马林溶液固定。病料要完全被溶液淹没。

血样采集：应注意防止溶血，每头猪采血 10～20 毫升。全血样品：从猪耳静脉或颈静脉采全血时，在注射器内先吸灭菌的 5% 柠檬酸钠 1 毫升，再采血约 10 毫升，混合后注入灭菌容器内；或者采取 10 毫升全血立即注入盛有 1 毫升 5% 柠檬酸钠的灭菌容器内，混匀后即可。血清样品：无菌操作采取血液 10～20 毫升，注入灭菌试管或小瓶中，摆成斜面，静置于室温 1～2 小时，待血液凝固后放置冰箱（4℃下），析出的血清装入试管或小瓶内。

对危害人体健康的病猪，需注意个人防护并避免散毒。

（二）病料保存

采集的新鲜病料应快速送检，保存方法有 4 种：

将采取的细菌检验材料组织块，可放在无菌容器内，保存于灭菌的 30% 甘油缓冲液中，容器加塞封固，低温下保存。

保存病毒检验材料的一个重要条件是低温，因此，病料应尽快置低温条件下；如病料反复冻融，会破坏病毒的结构使之灭活，要保持温度的恒定。将采取的病毒检验材料组织块保存于灭菌的50%甘油生理盐水中，容器加塞封固。

血清检验材料可在每毫升血清中加入3%石炭酸溶液1滴。低温保存，避免反复冻融。

病理检验材料用10%的福尔马林液固定后可常温保存。但要避免阳光照射或温度过低结冰。

（三）病料的包装、运送和记录

1. 病料的包装

将盛有病料的容器加塞加盖并贴上胶布，用蓝色圆珠笔清楚地注明内容物或代号及采取时间等。将其装入塑料袋内，再置入加有冰块的广口冷藏瓶中，瓶内最好放些冰块，上层放病料。

2. 病料的运送

要求安全、迅速送到检验室，最好派专人运送。在运送途中严防容器破损，避免病料接触高温以免病料腐败和病原微生物死亡。

3. 送检病料的记录

送检记录应包括下述内容：送检病猪的年龄、性别、发病日期、死亡时间及取材时间。送检病料的种类，加入何种保存剂。送检病猪是否进行过预防接种，是否采取了治疗，疗效如何。送检病猪的主要临床症状和剖检病变。送检地区是否有类似疫病的流行，流行特点，发病动物种类，发病及死亡数量等。临床诊断。提出送检的目的和要求。

（四）猪常见病病料的采集和保存

1. 常见病毒性疾病病料的采集和保存

冷冻保存（−30～−15℃）为宜，切忌反复冻融。

猪瘟（HC）：主要采集扁桃体、淋巴结、脾脏、肾脏和血清。

猪繁殖与呼吸障碍综合征（PRRS）：主要采集肺、血清、扁桃体、脾、淋巴结、粪便，死产和流产胎儿的脾、肺，血清和胸腔积水也是最适宜的检验材料。

猪流行性乙型脑炎（JE）：主要采集患病动物和带毒动物的脑、脑脊髓液和死产胎儿的脑组织，血液、分泌物、脾、肿胀的睾丸（含毒量最高）。

猪细小病毒病（PPV）：主要采集流产或产死胎儿的新鲜脏器（脑、肾、肝、肺、睾丸、胎盘及肠系膜淋巴结等），其中以肠系膜淋巴结和肝脏的分离率最高。

猪伪狂犬病（PRV）：主要采集脑和扁桃体；另外，鼻咽分泌物也可用于病毒分离。

猪圆环病毒2型感染（PCV2）：主要采集肺脏、淋巴结、肾脏和血清。

猪口蹄疫（FMD）：采集未破裂或刚破裂的水疱皮（液），对新发病死亡的动物可采取脊髓、扁桃体、淋巴结组织等。

猪传染性胃肠炎（TGE）：主要采集十二指肠、空肠及回肠的黏膜，在鼻腔、气管、肺的黏膜及扁桃体、粪便中也可分离到病毒。

猪流行性腹泻（PED）：主要采集粪便。

猪轮状病毒感染（RV）：主要采集粪便和肠内容物。

2. 常见细菌性疾病的病料的采集和保存

低温保存（2~8℃）为宜，切忌冷冻。

猪大肠杆菌病：①仔猪黄痢：采集病死仔猪小肠内容物；②仔猪白痢：采集病死仔猪小肠内容物；③猪水肿病：采集小肠内容物和肠系膜淋巴结。

猪痢疾（血痢）：采集结肠黏液和粪便。

仔猪梭菌性肠炎（仔猪红痢）：主要采集小肠内容物，内脏器官则不一定能分出细菌。

猪链球菌病：采集肝、脾、淋巴节、关节液、脓汁等。

猪附红细胞体病：采集全血，应加入抗凝剂，常用的抗凝剂为5%枸橼酸钠，按1毫升抗凝剂加10毫升血液摇匀即可。

猪巴氏杆菌病（猪肺疫）：采集急性病猪的血液、局部水肿液、肺、肝、脾、淋巴节等。

副猪嗜血杆菌病：采集治疗前发病猪的浆膜表面渗出物及肝、关节液等。

猪传染性胸膜肺炎：采集鼻、支气管分泌物和肺脏。

第五章　猪的常见病毒性疾病

一、猪　瘟

（一）发病原因

猪瘟又称"烂肠瘟"，是由猪瘟病毒引起猪的一种急性、高度传染性和致死性疾病，其特征为稽留高热和广泛出血、坏死。

（二）诊断要点

典型急性猪瘟暴发，根据流行病学、临床症状和病理变化可作出相当准确的诊断。非典型性猪瘟需进行实验室诊断。

【流行特点】猪是本病唯一的自然宿主，不同品种、年龄和性别的猪和野猪都可被感染。病猪和带毒猪是最主要的传染源。感染猪在发病前即可通过口、鼻及眼分泌物、尿和粪等途径排毒，并延续整个病程。康复猪在出现特异抗体后停止排毒。

本病可通过易感猪与病猪的直接接触和间接接触方式进行传播。一般经消化道感染，也可经过呼吸道、眼结膜或通过损伤皮肤、阉割时的刀口感染。此外，弱毒株感染母猪可通过垂直传播感染体内胎儿。

近年来猪瘟流行发生了变化，出现非典型猪瘟、温和型猪瘟，以及散发性流行。从频发的大流行转为周期性、波浪式的地区散发性流行，流行速度缓慢，发病率和死亡率低，潜伏期长；临床症状和病理变化有典型转为非典型，并出现了亚临床感染、母猪繁殖障碍、妊娠母猪带毒综合征、胎盘感染、初生仔猪先天性震颤及先天性免疫耐受等。

【临床症状】潜伏期一般 5~7 天，短的 2 天，长的可达21

天。据临床症状和特征，猪瘟可分为最急性型、急性型、慢性型和非典型猪瘟。

1. 最急性型

常见于流行的初期，主要表现为突然发病，体温升高至41℃以上，皮肤和结膜发绀、出血，出现精神沉郁，厌食，全身痉挛、四肢抽搐，经一天至数天发生死亡。死亡率可达90%～100%。

2. 急性型

最为常见。病猪表现精神沉郁、弓背、怕冷，食欲废绝或减退，体温高达41～42℃，持续不退，眼睛周围见黏性或脓性分泌物，先便秘、后腹泻，粪便灰黄色，偶带有血脓；全身皮肤出血、发绀非常明显。母猪流产，公猪包皮内积尿液。哺乳仔猪发生急性猪瘟时，主要表现神经症状，如磨牙、痉挛、角弓反张或倒地抽搐，最终死亡。病程14～20天，死亡率50%～60%。

3. 慢性型

常见于猪瘟常发地区或卫生防疫条件较差的猪场。主要表现为消瘦、贫血、全身衰弱、常伏卧，行走时缓慢无力，食欲不振，体温升高，一般在40～41℃，便秘和腹泻交替。有的皮肤可见紫斑和坏死痂。妊娠母猪一般不表现症状，但可出现死胎、早产等。病猪日渐消瘦，最终衰竭死亡。病程可达1个月以上。死亡率为10%～30%。

4. 非典型猪瘟

非典型猪瘟多发生在11周龄以下，多呈散发，流行速度慢，症状不典型。病猪体温41℃左右，多数腹下部发绀，有的四肢末端坏死，俗称"紫蹄病"；有的耳尖呈黑紫色，出现干耳、干尾现象，甚至耳壳脱落；有的病猪皮肤有出血点。患猪采食量下降，精神沉郁，发育缓慢，后期四肢瘫痪，部分病猪关节肿大。病程两周以上，有的可经3个月才能逐渐康复。

【病理剖检变化】

1. 最急性型

多无特征性变化，仅见浆膜、黏膜和肾脏等处有少量点状出血，淋巴结肿胀、潮红或有出血病变。

2. 急性型

在皮肤、黏膜、浆膜和内脏器官有不同程度出血。全身淋巴结肿胀、水肿和出血，呈现红白或红黑相间的大理石样变化（图5-1）；肾组织被膜下（皮质表面）呈点状出血（图5-2）；膀胱黏膜、喉、会厌软骨、肠系膜、肠浆膜和皮肤呈点或斑状出血；脾脏的梗死是猪瘟最有诊断意义的病变。回盲瓣处淋巴组织扣状肿，若有继发感染，可见扣状溃疡；死胎出现明显的皮下水肿、腹水和胸腔积液。

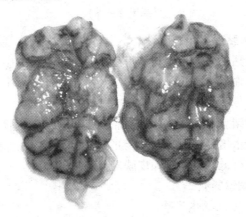

图5-1 猪瘟—淋巴结周边性出血
（淋巴结大理石样变）（吴玉臣供图）

3. 慢性型

出血和梗死变化不明显，但回肠末端、盲肠和结肠常有特征性的坏死和溃疡变化，呈纽扣状，褐色或黑色。

图5-2 猪瘟—肾脏表面出血点
(吴玉臣供图)

4. 非典型猪瘟

多数病猪尸体解剖无典型病变，有时可见的淋巴结水肿和边缘充血、出血。有的仅见肾色泽变浅及少量针尖大小出血点或肾发育不良（图5-3）。

迟发型猪瘟 先天感染的死胎全身水肿，头、肩、前肢如水牛，胸、腹水增多，头、四肢畸形。小脑发育不全，表皮出血。弱仔死亡后可见内脏器官和皮肤出血，淋巴结肿大。

【实验室诊断】

1. 免疫荧光抗体试验

冰冻切片作直接荧光抗体（FA）染色是最常用的检查猪瘟病毒的方法。扁桃体是首选病料，此外猪淋巴结或晚期病猪脾和肾也可作为病料来源。

2. 正向间接血凝试验

本法操作简单，要求条件不高，便于在基层使用。主要用于监测猪瘟免疫抗体水平，一般认为，间接血凝抗体水平在 1：16 以上者能抵抗强毒感染。

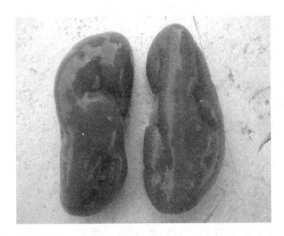

图5-3 繁殖障碍型猪瘟—肾脏发育不良
（吴玉臣供图）

（三）防控措施

把好引种关，防止带毒猪进入猪场；通过严格检疫和淘汰带毒猪，建立健康繁殖母猪群；制定科学和确实有效的免疫计划，认真执行免疫程序，定期监测免疫效果；实行科学的管理条件，建立良好的生态环境，切断疾病传播途径等综合性措施是控制或消灭猪瘟的前提条件。

曾经出现免疫失败的猪场，尤其有迟发型猪瘟或温和型猪瘟存在的情况下，可选用猪瘟脾淋苗进行免疫，免疫效果较好。

在已发生猪瘟的猪群或地区，应迅速对猪群进行检查，隔离和扑杀病猪，尸体严格销毁，严禁随处乱扔；对假定未感染猪群用猪瘟弱毒疫苗（如猪瘟脾淋组织苗）进行紧急接种，可使大部分猪得到保护，控制疫情，对疫区周围的猪群进行逐头免疫，形成安全带防止疫情蔓延，还应注意针头消毒，以防止人为传播。以后可根据需要执行定期检疫淘汰带毒猪的净化措施。

猪瘟一旦发生，没有很好的治疗措施。

二、猪口蹄疫

（一）发病原因

口蹄疫是由口蹄疫病毒感染引起的急性、热性、高度接触性传染病，主要侵害牛、羊、猪等偶蹄兽，也可感染人，是一种人畜共患病。口蹄疫病毒具有多型性、易变性的特点，同型各亚型之间交叉免疫程度变化幅度较大，以各型病毒接种动物，只对本型产生免疫力，无交叉保护。病毒对外界抵抗力很强，耐干燥。但对酸碱敏感，易被碱性或酸性消毒药杀死。

临床诊断上患病猪只以口腔黏膜、蹄部及乳房皮肤发生水疱和溃烂为特征。仔猪感染因发生心肌炎而死亡。

（二）诊断要点

【流行特点】口蹄疫病毒主要侵害偶蹄兽，通常是牛、羊先发病，而后感染猪。病畜是主要传染源，通过直接接触或损伤的黏膜和皮肤感染。冬、春两季较易发生大流行，且有周期性的特点，每隔两年或三五年即流行 1 次。发病率很高，但病死率一般在 5% 以下。幼龄动物较老龄动物易感。

【临床症状】病猪蹄部发生水疱和糜烂，体温升高至 40 ~ 41℃；精神沉郁。蹄冠、蹄踵、蹄叉等部位出现发红、微热，触摸时表现敏感，不久患部形成米粒大、蚕豆大的水疱，水疱破裂后形成出血性烂斑。1 周左右恢复。如有细菌感染。常使炎症向深部发展，侵害蹄壳，甚至造成蹄壳脱落。病猪鼻镜、乳房也常见到烂斑，尤其是哺乳母猪，吃奶仔猪的口蹄疫，通常呈急性胃肠炎和心肌炎而突然死亡。病死率可达 60% ~80%。

【病理剖检变化】发病猪只的口腔、蹄部、乳房、咽喉、气管、支气管和胃黏膜可见到水疱、烂斑和溃疡，真胃和肠黏膜可见出血性炎症。心包膜有弥散性及点状出血，心肌松软，心肌切面有灰白色或淡黄色斑点或条纹，俗称"虎斑心"（图 5 - 4）。

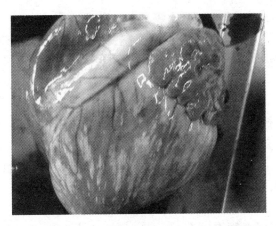

图5-4　仔猪口蹄疫—心肌变性坏死
（虎斑心）（邓同炜供图）

【实验室诊断】根据病的急性经过，呈流行性传播，主要侵害偶蹄兽和一般为良性转归以及特征性的临诊症状可作出初步诊断。确诊须进行实验室检查。常用的检验方法有补体结合试验及酶联免疫吸附试验。送检可采集水泡皮和水泡液。

（三）防控措施

【预防】加强饲养管理，保持猪舍卫生，经常进行消毒；粪便进行堆积发酵处理。在疫区最好选用与当地流行的毒株相同血清型、亚型的减毒活苗或灭活苗进行免疫接种。同型苗免疫保护期1年。

【治疗】动物发生口蹄疫后一般不允许治疗，应采取扑杀措施。对某些珍贵患猪可进行治疗。

口腔用清水、食醋或0.1%高锰酸钾洗漱，对糜烂部位涂以1%~2%明矾或碘酊甘油；蹄部洗涤后擦干涂以松馏油或鱼石脂软膏；乳房区可用肥皂水或2%~3%硼酸水洗涤，涂以青霉素软膏或其他防腐软膏，定期将奶挤出以防发生乳房炎。

恶性口蹄疫病猪除局部治疗外，应配合输液疗法、营养疗法，如安钠咖、葡萄糖盐水等，方可收到良效。

三、猪流感

（一）发病原因

猪流行性感冒，简称猪流感，由猪流行性感冒病毒引起，是一种具有高度接触传染性的猪呼吸系统传染病，其特点为发病急骤，传播迅速。猪流行性感冒病毒存在于病猪和带毒猪的呼吸道分泌物中，对热和日光的抵抗力不强，一般消毒药能迅速将其杀死。临床上以突然发烧及其他伤风症状为特征。

（二）诊断要点

【流行特点】本病流行有明显的季节性，主要发生于晚秋和初春及寒冷的冬季。阴雨绵延，通风及营养不良等因素均可诱发本病的流行。不同年龄、品种、性别的猪都可感染发病。病猪和带毒猪是本病的传染源。本病主要经呼吸道感染，且传播迅速。呈流行性暴发，其发病率高，但病死率低。

【临床症状】潜伏期 2~7 天。典型猪流感的症状特点是突然全群感染，所有易感猪一夜间开始咳嗽，精神及食欲不振，体温升高到 40~41.5℃，呼吸困难，眼、鼻有黏液性分泌物，肌肉和关节疼痛，不愿站立。经 5~7 天病程后，几乎所有的病猪很快康复，如在流感暴发时不继发细菌感染，死亡率一般比较低。怀孕母猪如果感染了病毒可引起死胎或弱仔。

【病理剖检变化】鼻腔、气管内有白色黏液附着，气管下部到支气管有大量泡沫性黏液。呼吸道黏膜充血，血样黏液增多。肺前下部呈红褐色，硬度增加，周围气肿及出血。肺门淋巴结红肿，脾肿大。

【实验室诊断】实验室可以通过分离病毒，进行血凝试验和血凝抑制试验鉴定确诊。同时在临床上应注意与猪肺疫、猪传染性胸膜肺炎区别。

（三）防控措施

【预防】加强饲养管理，提高猪群的营养需求，定时清洁环境卫生，对已患病的猪只及时进行隔离治疗。除康复猪带来毒外，某些水禽和火鸡也可能带毒，应防止与这些动物接触。人发生 A 型流感时，应防止病人与猪接触。

【治疗】

（1）清开灵注射液 + 盐酸林可霉素注射液 + 强效阿莫西林，按每千克体重 0.2~0.5 毫升，混合肌内注射，每日 1 次，连用 3 天。

（2）在饲料中混入抗病毒中药 + 强力霉素 300 毫克/千克，混合均匀。连续拌料 10 天；同时饮水中加入电解多维。

四、猪繁殖与呼吸综合征

（一）发病原因

猪繁殖与呼吸综合征（PRRS）是由猪繁殖与呼吸综合征病毒感染引起猪的一种接触性传染病。本病于 1987 年在美国被首次发现，目前全世界主要生猪生产国均发现了猪繁殖与呼吸综合征。我国于 1996 年首次在暴发流产的胎儿中分离到了猪繁殖与呼吸综合征病毒，目前已成为我国猪的重要传染病之一。

猪繁殖与呼吸综合征病毒（PRRSV）可分为 2 种血清型，即欧洲型和美洲型，我国流行的毒株主要为美洲型。病毒对低温具有较强的抵抗力，在 -70℃ 可保存 18 个月，4℃ 保存 1 个月。对热敏感，37℃、48 小时，56℃、45 分钟完全失去感染力。对乙醚和氯仿敏感。在 pH 值为 6.5~7.5 之间较稳定。

发病猪的特征为母猪表现发热、怀孕后期发生流产、死胎和木乃伊胎等繁殖障碍；幼龄仔猪发生高热、呼吸困难等肺炎症状。因为部分病猪表现耳朵发蓝，又称"蓝耳病"。

（二）诊断要点

根据流行特点，各年龄猪均可出现程度不同临床表现，但以怀孕中后期母猪和哺乳仔猪最多发等现象，及相应的病理变化，可作出初步诊断。确诊必须依靠实验室诊断。

【流行特点】各种年龄、性别、品种的猪均具有易感性，但以怀孕母猪（怀孕90天以后）和初生仔猪（1月龄以内）症状最为明显。

病猪和带毒猪是主要传染源。感染猪可以通过粪、尿、鼻液、眼分泌物、胎儿、公猪精液等途径排出体内病毒。本病传播途径主要包括水平传播和垂直传播。水平传播主要通过呼吸道和通过公猪精液经生殖道在同猪群间进行传播。怀孕母猪体内病毒可通过胎盘进行母子间的垂直传播。另外，风媒传播在本病的流行过程中有较大影响。

该病在猪群中传播速度极快，2～3个月即可使繁殖母猪血清抗体阳性率达95%以上，并能够保持16个月以上。近些年来，本病有一些新的流行特点，由于经常与其他细菌性、病毒性、寄生虫性疾病混合感染，且由于不同毒株毒力和致病力不同，猪抵抗力不同，从而表现出临床症状多样化。并且毒力有增强趋势，特别在2006年南方的高热病疫情中，从病猪体内分离到了新变异的PRRSV，并定名为高致病性蓝耳病病毒。

【临床症状】本病的潜伏期3～28天，一般为14天。由于感染PRRSV毒株、免疫状态及饲养管理水平等不同，该病的临床表现差异较大。

1. 妊娠母猪

发病猪主要表现为精神沉郁、厌食、发热，出现不同程度的呼吸困难。少数母猪出现耳朵、腹部、外阴、尾部和四肢末端发绀。妊娠后期发生流产、早产、产死胎、产木乃伊胎儿及弱胎。有的母猪出现肢体麻痹性神经症状。母猪流产率可达50%～70%，死胎率35%以上，产木乃伊胎儿达25%。部分新生仔猪出现呼吸困难、运动失调及瘫痪等症状。产后1周内死亡率明显增加（40%～80%）。

2. 仔猪

新生仔猪和哺乳仔猪呼吸症状较为严重，表现为张口呼吸、喷嚏、流涕等。体温高达40.5～42℃，肌肉震颤，共济失调，渐进消瘦，眼睑水肿。少数仔猪可见耳朵、体表皮肤发绀。断奶前仔猪死亡率可达80%～100%，断奶后仔猪增重减低，死亡率升高，达10%～25%。耐过猪生长缓慢，容易继发其他疾病。

3. 公猪

公猪感染后食欲缺乏、高热，其精液数量和质量下降，可以在精液中检查到PRRSV。并可通过精液传播病毒而成为重要传染源。

4. 育肥猪

老龄猪和育肥猪受PRRSV感染影响较小，仅出现短时间的食欲缺乏、轻度呼吸系统症状及耳朵皮肤发绀现象，但可因继发感染而加重病情，导致病猪发育迟滞或死亡。

【病理剖检变化】发病母猪肉眼变化不明显。剖检仔猪仅见头部水肿、胸前和腹腔积液。患病哺乳仔猪肺部出现重度多灶性乃至弥漫性黄褐色或褐色的肝变，对本病的诊断有一定意义。此外，尚可见到脾肿大，淋巴结肿胀，心脏肿大并变圆，心包和腹腔积液，眼睑水肿。

2006年，我国发现高致病性蓝耳病，病猪体温升高至41℃以上；眼结膜炎、眼睑水肿；咳嗽、气喘等呼吸道症状；部分猪表现后躯无力、不能站立等神经症状；仔猪发病率可达100%，死亡率50%以上，母猪流产率30%以上，成年猪也可发病死亡。病猪病理变化是可见脾脏边缘有梗死灶，肾脏呈土黄色，表面可见针尖至小米粒大小出血斑，皮下、扁桃体、心脏、膀胱、肝脏和肠道均可见出血点和出血斑。部分病例可见胃肠道出血、溃疡、坏死。

【实验室诊断】

1. 病原分离与鉴定

分离病毒最常用猪肺泡巨噬细胞，常取急性期病猪的血清、腹水、胸水或病死猪的肺脏、扁桃体、脾脏和淋巴结等病料分离病毒。病料接种后可通过标记抗体染色的方法检测。

2. 血清学诊断

取猪血清进行间接免疫荧光抗体试验或 ELISA，灵敏度高，特异性好，目前有标准试剂盒使用。此外，还有中和试验等传统血清学方法。

（三）防控措施

本病目前尚无特效治疗药物。由于该病传染性强、传播速度快、发病后可在猪群中扩散和蔓延，给养猪业造成损失较大，因此应严格执行综合性防疫措施。

（1）加强检疫措施，防治养殖场内引入阳性带毒猪。在向阴性猪群中引入种猪时，应至少隔离 3 周，并经 PRRSV 抗体检测阴性后才可混群。

（2）加强饲养管理和环境卫生消毒，降低饲养密度，保持猪舍通风干燥，创造适宜的养殖环境以减少各种应激因素，并坚持"全进全出"制度。

（3）疫苗免疫是控制本病的有效方法，对于正在流行或流行过本病的猪场可用弱毒疫苗紧急接种或免疫预防。后备母猪在配种前免疫 2 次，首免在配种前 2 个月，间隔 1 个月进行二免，小猪在母源抗体消失前进行首免，母源抗体消失后进行二免。公猪和妊娠母猪不能接种弱毒疫苗。我国研制出了高致病性蓝耳病灭活疫苗，并已投入使用。

（4）平时的猪群检疫，发现阳性猪群应做好隔离和消毒工作，污染群中的猪不得留作种用，应全部育肥。有条件的种猪场可通过清群及重新建群净化该病。

五、猪伪狂犬病

（一）发病原因

猪伪狂犬病是由伪狂犬病病毒感染引起的一种急性传染病。本病于1902年被首次报道，呈世界范围分布（除澳大利亚等极少数国家外，均有发生）。该病对养猪业影响很大，在许多国家的地位仅次于猪瘟。

伪狂犬病病毒只有一个血清型，但毒株间存在差异。病毒对外界抵抗力较强，在污染的猪舍能存活1个多月，在肉中可存活5周以上。在低温潮湿环境下，pH值为6~8时病毒能稳定存活。在干燥条件下，特别是阳光直射时，病毒很快失活。一般常用的消毒药都有效。

感染猪的临床特征为：体温升高，新生仔猪表现神经症状，还可侵害消化系统。成年猪常为隐性感染，妊娠母猪感染后可引起流产、死胎及呼吸症状，无奇痒。本病也可以发生于其他家畜和野生动物。

（二）诊断要点

根据病猪临床症状、流行特点，可作出初步诊断，确诊本病必须进行实验室检查。

【流行特点】本病一年四季均可发生，但以冬春寒冷季节和产仔旺季多发。病猪、带毒猪及带毒鼠类是本病的主要传染源。而猪是伪狂犬病毒的贮存宿主和传染源，尤其耐过的呈隐性感染的成年猪是该病主要传染源。病毒主要从病猪的鼻分泌物、唾液、乳汁和尿中排出，有的带毒猪可持续排毒1年，成为本病很难根除的重要原因。妊娠母猪感染本病可经胎盘侵害胎儿，泌乳母猪感染本病1周左右乳中有病毒出现，可持续3~5天，此时仔猪可因吃乳而感染本病。

【临床症状】临床症状随年龄增长有差异。2周龄以内哺乳仔猪，病初发热，体温升高到 41～41.5℃，呕吐、下痢、厌食、精神不振，呼吸困难，呈腹式呼吸，继而出现神经症状，共济失调，最后衰竭而死亡。有神经症状的猪一般在 24～36 小时死亡。哺乳仔猪的死亡率可达 100%。

3～9 周龄猪主要症状同上，但表现轻微，病程略长，多便秘，有少数猪出现神经症状，导致休克和死亡。病死率可达 40%～60%。部分耐过猪常有后遗症，如偏瘫和发育受阻等。

妊娠母猪表现为咳嗽、发热、精神不振，流产、产死胎和木乃伊胎。流产常发生于感染 10 天左右，新疫区可造成 60%～90% 母猪发生繁殖障碍；母猪临近分娩感染，则易产生弱仔，弱仔猪出现呕吐和腹泻，运动失调，痉挛，角弓反张，通常在 24～36 小时内死亡。感染的后备母猪、空怀母猪和公猪病死率很低，不超过 2%。

【病理剖检变化】一般无特征性病理变化。如有神经症状，脑膜明显充血，出血和水肿，脑脊髓液增多。肺水肿、有小叶性间质性肺炎、胃黏膜有卡他性炎症、胃底黏膜出血。流产胎儿的脑和臀部皮肤有出血点，肾和心肌出血，肝和脾有灰白色坏死灶。

【实验室诊断】兔对本病敏感，可用兔做动物接种实验。猪感染本病常呈隐性经过，因此诊断要依靠血清学方法，包括血清中和试验、琼脂扩散试验、补体结合试验、荧光抗体试验及酶联免疫测定等。其中血清中和试验最灵敏，假阳性少。聚合酶链式反应（PCR）技术可从患病动物分泌物、组织器官等病料中扩增出猪伪狂犬病病毒基因，从而对患病动物进行确诊。与传统的病毒分离相比较，PCR 优点是能够进行快速诊断，而且敏感性高。

（三）防控措施

本病目前尚无特效治疗药物，主要从以下几个方面做好预防工作：

1. 加强检疫

对新引进的猪要进行严格检疫，引进后要隔离观察、抽血检验，对检出阳性猪要注射疫苗，不可做种用。防止将野毒引入健康猪群是控制猪伪狂犬病的一个非常重要和必要的措施。严格灭鼠，控制犬、猫、鸟类和其他禽类进入猪场，禁止牛、羊和猪混养，控制人员来往，搞好消毒及血清学监测对该病的防控都有积极作用。

2. 做好免疫接种工作

猪伪狂犬病疫苗包括灭活疫苗、弱毒疫苗和基因缺失活疫苗。我国在猪伪狂犬病的控制过程中没有规定疫苗使用的种类，但最好只使用灭活疫苗。在已发病猪场或猪伪狂犬病阳性猪场，建议所有猪群进行免疫。灭活苗免疫时，种猪初次免疫后间隔4~6周加强免疫1次，以后每胎配种前免疫1次，产前1个月左右加强免疫1次，即可获得较好的免疫效果，并可使对仔猪的保护力维持到断奶。留作种用的断奶仔猪在断奶时免疫1次，间隔4~6周加强免疫1次，以后即可按照种猪免疫程序进行。育肥仔猪在断奶时接种1次可维持到出栏。应用弱毒疫苗免疫时，种猪第一次接种后间隔4~6周加强免疫1次，以后每6个月进行1次免疫。

六、猪圆环病毒病

（一）发病原因

猪圆环病毒病是由猪圆环病毒（PCV）感染引起的猪的一种新的传染病。目前已证实，猪圆环病毒与仔猪断奶多系统衰竭综合征（PMWS）、猪皮炎与肾病综合征（PDNS）、猪间质性肺炎（IP）、母猪繁殖障碍和传染性先天性震颤（CT）有关。其中PMWS和CT是本病的主要表现形式，其他3种是与其他病原混合感染引起的。本病可对机体产生严重的免疫抑制，被世界各国的兽医公认为最重要的传染病之一。发病猪的特征为猪体质下降、消瘦、呼吸困难、咳喘、腹泻、贫血和黄疸等。

PCV 有 2 种血清型,即 PCV Ⅰ 型和 PCV Ⅱ 型。PCV Ⅰ 型无致病性,广泛存在于健康猪体内各个组织、器官及猪源细胞系中。PCV Ⅱ 型对猪有致病性,是引起 PMWS 的主要病原。两血清型间血清学交叉反应较弱。

PCV 对外界环境抵抗力较强,对氯仿不敏感,在 pH 值为 3 的环境内很长时间不被灭活,70℃ 可存活 15 分钟。应用 0.3% 过氧乙酸、3% 氢氧化钠溶液、0.5% 强力消毒灵等消毒效果较好。

(二)诊断要点

【流行特点】本病的发生无季节性。各种年龄、品种、性别的猪均可被感染,但仔猪感染后发病严重。胚胎期和出生后的早期感染,往往在断奶后才发病,主要在 5~18 周龄,常常与猪繁殖与呼吸综合征病毒、猪细小病毒、猪伪狂犬病毒、及副猪嗜血杆菌、猪肺炎支原体等混合或继发感染。饲养管理不善、卫生条件差、通风不良、饲养密度过大等因素可诱发本病,并加重病情,发病率和死亡率增高。

【临床症状】临床上与 PCV Ⅱ 型感染有关的疾病主要有以下 5 种,其症状如下:

1. 仔猪多系统衰竭综合征

主要发生于断奶后的仔猪,一般在断奶后 2~3 天至 1 周发病。病猪精神沉郁,食欲不振,发热、被毛粗乱、渐进性消瘦,生长迟缓、呼吸困难、咳嗽、气喘、贫血、体表淋巴结肿大。有的皮肤与可视黏膜发黄、腹泻。临床上约有 20% 病猪呈现贫血与黄疸症状。发病率为 20%~60%,病死率为 5%~35%。

2. 猪皮炎与肾病综合征

主要发生在保育猪和生长育肥猪。病猪发热、厌食、消瘦,皮下水肿、跛行、结膜炎、腹泻。特征性症状为在会阴部、四肢、胸腹部及耳朵等处皮肤上出现圆形或不规则的红紫色病变斑点或斑块（图5－5），有的斑块相互融合呈条带状，不易消失。发病率12%～14%，病死率5%～14%。

图5－5　圆环病毒—皮炎肾炎综合征
（皮炎）（吴玉臣供图）

3. 母猪繁殖障碍

主要发生于初产母猪，产木乃伊胎儿占产仔总数的15%左右，产死胎占8%左右。发病母猪主要表现体温升高到41～42℃，食欲减退、流产、产死胎、弱胎、弱仔及木乃伊胎儿。病后母猪受胎率低或不孕，断奶前仔猪死亡率可达11%。

4. 猪间质性肺炎

临床表现主要为猪呼吸系统综合征，多见于保育期和育肥期。病猪喘气、咳嗽、流鼻液、呼吸加快、精神沉郁、食欲不振、生长缓慢。

5. 传染性先天性震颤

多见于初产母猪所产仔猪，常于出生后1周内发病。我国猪群多为6～8周龄发病，发病仔猪站立时震颤，由轻变重，卧下时震颤消失。受外界刺激时可引发或加重震颤，严重时影响吃奶以致死亡。发病率20%～60%，病死率5%～35%。

【病理剖检变化】

1. 仔猪断奶后多系统衰竭综合征

典型病例死亡的猪尸体消瘦，有不同程度的贫血和黄疸。淋巴结肿大 4～5 倍，在胃、肠系膜、气管等淋巴结尤为突出，切面呈均质苍白色。肺部有散在隆起的橡皮状硬块。严重病例肺泡出血，在心叶和尖叶有暗红色或棕色斑块。脾肿大，肾苍白有散在白色病灶，被膜易于剥落，肾盂周围组织水肿。胃在靠近食管区常有大片溃疡形成。盲肠和结肠黏膜充血和出血，少数病例见盲肠壁水肿增厚。如有继发感染则可见胸膜炎，腹膜炎，心包积液、心肌出血、心脏变形、质地变软等。

2. 猪皮炎与肾病综合征

主要表现为出血性坏死性皮炎和动脉炎，以及渗出性肾小球肾炎和间质性肾炎。剖检可见肾肿大、苍白，表面有出血点（图 5 -6）；脾脏轻度肿大，有出血点；肝脏呈橘黄色；心脏肥大，心包积液；胸腔、腹腔积液；淋巴结肿大，切面苍白；胃有溃疡。

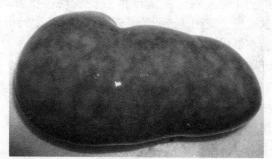

图 5 -6　圆环病毒—皮炎肾炎综合征
（肾炎）（吴玉臣供图）

3. 母猪繁殖障碍

剖检可见死胎和木乃伊胎儿，新生仔猪胸腹部积水。心脏松弛、苍白。

4. 猪间质性肺炎

剖检可见弥漫性间质性肺炎，成灰红色，肺细胞增生，肺泡腔内有透明蛋白质，细支气管上皮坏死。

【实验室诊断】根据流行特点，发病的临床症状、病理变化等特点可以作出初步诊断，确诊需要进行实验室诊断。目前，可用的病原学检查方法包括间接免疫荧光法、免疫组化法、PCR等。检测抗体的方法主要是 ELISA。

（三）防控措施

目前，国内外尚无特效的治疗方法，虽然已经有预防猪圆环病毒病疫苗，但还没有大范围使用。所以，主要采取综合防控措施进行预防。包括严格实行全进全出的饲养管理制度，定期严格消毒，保持良好的卫生与通风状况，确保饲料品质和使用抗生素控制继发感染，以及对发病猪进行及时淘汰、扑杀等综合处理措施。

七、猪传染性胃肠炎

（一）发病原因

猪传染性胃肠炎（TGE）是由传染性胃肠炎病毒感染引起猪的一种急性、高度接触性消化道疾病。以呕吐，严重腹泻和失水为特征。各种年龄猪都可发病，10 日龄以内仔猪病死率很高，可达100%，5 周龄以上猪的死亡率很低，成年猪几乎没有死亡。

猪传染性胃肠炎病毒主要存在于空肠、十二指肠及回肠的黏膜。只有 1 个血清型。本病毒对牛、猪、豚鼠及人的红细胞没有凝集或吸附作用，不耐热，56℃、45 分钟或 65℃、10 分钟即可死亡。在阳光下暴晒 6 小时即被灭活，紫外线能使病毒迅速失活。病毒在 pH 值为 4~8 稳定，pH 值为 2.5 则被灭活。

（二）诊断要点

【流行特点】本病的发生有季节性，我国多流行于冬春寒冷季节，夏季发病少，在产仔旺季发生较多。各种年龄的猪均可感染发病，以10日龄以下的哺乳仔猪发病率和死亡率最高，随年龄的增大死亡率逐渐下降，断奶猪、育肥猪和成年猪的症状较轻。病猪和带毒猪是本病的主要传染来源。可通过呕吐物、粪便、鼻液和呼吸的气体排出体内的病原体，污染饲料、饮水、空气及用具等，通过消化道和呼吸道传染给易感猪群。

【临床症状】本病潜伏期较短，一般为15~18小时，长的可达2~3天。仔猪的典型临床表现是突然的呕吐，接着出现急剧的水样腹泻，粪水呈黄色、淡绿色或白色。病猪迅速脱水，体重下降，精神萎靡，被毛粗乱无光；吃奶减少或停止吃奶、战栗、口渴、消瘦，于2~5天内死亡，1周龄以下的哺乳仔猪死亡率50%~100%，随着日龄的增加，死亡率降低；病愈仔猪增重缓慢，生长发育受阻，甚至成为僵猪。

架子猪、肥猪及成年母猪主要是食欲减退或消失，水样腹泻，粪水呈黄绿色、淡灰色或褐色，混有气泡；哺乳母猪泌乳减少或停止，3~7天病情好转随即恢复，极少发生死亡。

【病理剖检变化】尸体脱水明显。主要病变在胃和小肠。胃内充满凝乳块，胃底黏膜充血，有时有出血点（图5-7）。小肠肠壁变薄，肠内充满黄绿色或白色液体，含有气泡和凝乳块；小肠肠系膜淋巴管内缺乏乳糜。空肠绒毛变短，萎缩及上皮细胞变性、坏死和脱落等。

【实验室诊断】根据流行病学、症状和病变进行综合判定可作出初步诊断。如进一步确诊，必须进行实验室诊断。

取病猪的病料接种猪肾细胞进行病毒的分离鉴定实验，还可用荧光抗体法检查病毒抗原。血清学诊断方法（包括血清中和试验、ELISA、间接免疫荧光等方法）、RT-PCR技术也已用于TGEV的诊断。

本病诊断时应与症状相似的仔猪黄痢、仔猪白痢、猪流行性腹泻和轮状病毒感染等相区别。

图 5-7　传染性胃肠炎—胃底黏膜充
血潮红（吴玉臣供图）

（三）防控措施

【预防】除了采取综合性生物安全措施外，可用猪传染性胃肠炎弱毒疫苗对母猪进行免疫接种。母猪分娩前 5 周口服 1 头份，分娩前 2 周口服 1 头份和注射 1 头份。2 种接种方式结合可产生局部体液免疫和全身性细胞免疫，新生仔猪出生后通过初乳获得被动免疫，保护率可达 95% 以上；对于未接种传染性胃肠炎弱毒疫苗受到本病威胁的仔猪，在出生后 1～2 天进行口服接种，4～5 天可产生免疫力。

【治疗】对于本病尚无特效药物，发病后一般采取对症治疗措施。

用抗生素和磺胺类药物等防止继发细菌感染，同时补充体液，防止脱水和酸中毒。让仔猪自由饮服口服补液盐溶液；另外，还可以腹腔注射一定量的灭菌 5% 葡萄糖生理盐水加灭菌碳酸氢钠溶液。可肌内注射病毒灵、双黄连等。对重症病猪可用硫酸阿托品控制腹泻，对失水过多的重症猪可静脉注射葡萄糖、生理盐水等。

八、猪流行性腹泻

（一）发病原因

猪流行性腹泻（PED）是由猪流行性腹泻病毒感染引起猪的一种急性接触性肠道传染病，其特征为呕吐、腹泻和脱水。本病的流行特点、临床症状和病理变化与猪传染性胃肠炎极为相似。

猪流行性腹泻病毒对外界环境和消毒药抵抗力不强，对乙醚、氯仿敏感，一般消毒药都可将其杀死。

（二）诊断要点

【流行特点】本病仅发生于猪，多发生于寒冷季节，以 12 月和翌年 1 月发生最多。各种年龄的猪都能感染发病。哺乳仔猪、架子猪或育肥猪的发病率很高，尤以哺乳仔猪受害最为严重，母猪发病率变动很大，约为 15% ~ 90%。

病猪是主要传染源。病毒随粪便排出后，污染环境、饲料、饮水、交通工具及用具等，再通过消化道感染新的易感个体。

【临床症状】潜伏期一般为 5 ~ 8 天，人工感染潜伏期为 8 ~ 24 小时。主要临床症状为水样腹泻，有的伴有呕吐。症状的轻重随年龄的大小而有差异，年龄越小，症状越重。

1 周龄内新生仔猪发生腹泻后 3 ~ 4 天，呈现严重脱水而死亡，死亡率可达 50%，最高的死亡率达 100%。病猪体温正常或稍高，精神沉郁，食欲减退或废绝。

断奶猪、肥育猪和母猪症状较轻，常呈现精神委顿、厌食和持续腹泻（约 1 周），1 周后绝大多数可自然康复。

【病理剖检变化】病死猪尸体消瘦、脱水，胃内有黄白色凝乳块。小肠病变具有特征性，小肠扩张，内充满黄色液体，肠系膜充血，肠系膜淋巴结水肿。

【实验室诊断】本病在流行病学和临床症状方面与猪传染性胃肠炎无显著差别，进一步确诊须依靠实验室诊断。

取病猪小肠作冰冻切片或小肠黏膜抹片，风干后丙酮固定，加荧光抗体染色，水洗后盖片、镜检。腹泻后 6 小时空肠和回肠的荧光细胞检出率达 90% ~ 100%。

应用双抗体夹心法，检测病猪粪便中病毒抗原，病猪一出现腹泻时，即可采粪便检查。病猪痊愈 2 周以上的，可用间接ELISA 方法检查血清中的抗体。抗体持续时间最短为 18 周，最长可达 22 周。

（三）防控措施

【预防】我国已研制出 PEDV 甲醛氢氧化铝灭活疫苗，保护率达85%，对妊娠母猪产前 30 天接种 3 毫升，仔猪 10 ~ 25 千克接种 1 毫升，25 ~ 50 千克接种 3 毫升，接种后 15 天产生免疫力，免疫期母猪为 1 年，其他猪 6 个月，可用于预防本病。

也可用 PEDV 和 TGEV 二联灭活苗免疫妊娠母猪，乳猪通过初乳获得保护。此外，常用的疫苗还有轮状病毒、流行性腹泻二联苗，流行性腹泻、传染性胃肠炎、轮状病毒三联苗。

同时要加强饲养管理，饲喂营养丰富的饲料，做好仔猪、哺乳猪的保温和保健工作，做好场内的卫生消毒工作。

【治疗】本病无特效的治疗措施，通常应用对症疗法，可减少仔猪死亡，促进康复。病猪自由饮用口服补液盐溶液。猪舍保持清洁、干燥。对 2 ~ 5 周龄病猪可用抗生素治疗，防止继发感染。可试用康复母猪抗凝血或高免血清，每日口服 10 毫升，连用 3 日，对新生仔猪有一定治疗和预防作用。

九、猪轮状病毒病

（一）发病原因

猪轮状病毒病是由猪轮状病毒感染引起的猪急性肠道传染病，主要症状为厌食、呕吐、下痢，中猪和大猪为隐性感染，没有症状。轮状病毒对外界环境的抵抗力较强，在室温下能存活 7

个月。对酸碱稳定，加热 63℃、30 分钟被灭活，1％次氯酸钠和 70％酒精可使病毒失去感染力。

（二）诊断要点

【流行特点】本病多发生于晚秋、冬季和早春。各种年龄的猪都可感染，感染率最高可达 90％～100％，在流行地区由于大多数成年猪都已感染而获得免疫。因此，发病猪多是 8 周龄以下的仔猪，日龄越小的仔猪，发病率越高，发病率一般为 50％～80％，病死率一般为 10％以内。

【临床症状】潜伏期一般为 12～24 小时。常呈地方性流行。初精神沉郁，食欲不振，不愿走动，有些吃奶后发生呕吐，继而腹泻，粪便呈黄色、灰色或黑色，为水样或糊状。症状的轻重与发病日龄、免疫状态和环境条件有关，缺乏母源抗体保护的，出生后几天的仔猪症状最重，环境温度下降或继发大肠杆菌病时，常使症状加重，病死率增高。3～8 周龄以上的仔猪感染症状较轻，成年猪为隐性感染。

【病理剖检变化】病变主要在消化道，胃壁弛缓，充满凝乳块和乳汁，肠管变薄，小肠壁呈半透明，内容物为液状，呈灰黄色或灰黑色，有时见小肠出血，肠系膜淋巴结肿大。

【实验室诊断】根据流行特点和临床症状，可作出初步诊断。但是引起腹泻的原因很多，要想确诊必须通过实验室检查。常用的方法有酶联免疫吸附试验、电镜或免疫电镜检查，均可迅速得出结论。还可采取小肠前、中、后各一段冷冻，做荧光抗体检查。

（三）防控措施

【预防】主要依靠加强饲养管理，认真执行一般的兽医防疫措施，增强抵抗力。在流行地区，可用轮状病毒油佐剂灭活苗或猪轮状病毒弱毒双价苗对母猪或仔猪进行预防注射。油佐剂苗于怀孕母猪临产前 30 天，肌内注射 2 毫升；仔猪于 7 日龄和 21 日龄各注射 1 次，注射部位在后海穴（尾根和肛门之间凹窝处）

皮下，每次每头注射0.5毫升。弱毒苗于临产前5周和2周分别肌内注射1次，每次每头1毫升。同时要使新生仔猪早吃初乳，接受母源抗体的保护，以减少发病和减弱病症。

【治疗】目前无特效的治疗药物。发现生病立即停止哺乳，以葡萄糖生理盐水或复方葡萄糖溶液（葡萄糖43.20克，氯化钠9.20克，甘氨酸6.60克，柠檬酸0.52克，柠檬酸钾0.13克，无水磷酸钾4.35克，溶于2升水中即成）给病猪自由饮用。同时投用收敛止泻剂，使用抗菌药物，防止继发细菌性感染。一般都可获得良好效果。

十、猪日本乙型脑炎

（一）发病原因

日本乙型脑炎又称流行性乙型脑炎，简称乙脑，是由日本脑炎病毒感染引起的一种急性人畜共患传染病，症状表现为流产、死胎及睾丸炎。

乙型脑炎病毒对光和热抵抗力不强，对酸碱的耐受力差，常用的消毒药如2%氢氧化钠溶液、3%来苏儿均可很快杀死病毒。

（二）诊断要点

【流行特点】本病多呈散发，主要通过蚊的叮咬进行传播，有明显的季节性，80%的病例发生在7、8、9三个月；病原可以通过妊娠母猪的胎盘侵害胎儿。呈隐性感染者很多，但只在感染初期有传染性。

【临床症状】猪只感染乙型脑炎时，临床诊断上几乎没有脑炎症状，猪常突然发病，体温升至40~41℃，稽留热，精神委顿，食欲减少或废绝，粪干呈球状，表现附着灰白色黏液；伴有不同程度的运动障碍；有的病猪视力出现障碍；最后麻痹死亡。

妊娠母猪突然发生流产，产死胎、木乃伊胎儿和弱胎，但母猪无明显异常表现，同胎也可见正常胎儿。

公猪常发生单侧性或双侧睾丸肿大，患病睾丸阴囊皱襞消退，有的睾丸变小变硬，失去配种能力。

【病理剖检变化】流产胎儿脑水肿，皮下血样浸润，肌肉似水煮样，腹水增多；木乃伊胎儿从拇指大小到正常大小；肝、脾有坏死灶；全身淋巴结出血；肺瘀血、水肿。子宫黏膜充血、出血和有黏液。胎盘水肿或见出血。公猪睾丸实质充血、出血，有小坏死灶；睾丸硬化者，体积缩小，与阴囊粘连。

【实验室诊断】确诊需进行实验室诊断，可取流产胎儿脑组织做血细胞凝集抑制试验进行确诊。

（三）防控措施

本病无特异性治疗方法，一旦确诊最好淘汰。平时做好预防工作。分娩时的废物如死胎、胎盘及分泌物等应做好无害化处理；驱灭蚊虫，消灭越冬蚊虫；在流行地区，在蚊虫开始活动前1~2个月，对4月龄以上至2岁的公母猪，应用乙型脑炎弱毒疫苗进行预防接种，第二年加强免疫1次，免疫期可达3年，有较好的预防效果。

第六章　猪的常见细菌性疾病

一、猪大肠杆菌病

（一）发病原因

猪大肠杆菌病是由病原性大肠杆菌感染引起的仔猪一组肠道传染性疾病。常见的有仔猪黄痢、仔猪白痢和仔猪水肿病3种，以发生肠炎、肠毒血症为特征。

本属菌为革兰氏染色阴性，无芽胞，一般有数根鞭毛，常无荚膜的，两端钝圆的短杆菌。在普通培养基上易于生长，于37℃ 24 小时形成透明浅灰色的湿润菌落；在肉汤培养中生长丰盛，肉汤高度浑浊，并形成浅灰色易摇散的沉淀物，一般不形成菌膜。

本菌对外界因素抵抗力不强，60℃ 15 分钟即可死亡，一般消毒药均易将其杀死。大肠杆菌有菌体抗原（O）、表面（荚膜或包膜）抗原（K）和鞭毛抗原（H）3 种。在菌毛抗原中已知有 4 种对小肠黏膜上皮细胞有固着力，不耐热、有血凝性，称为吸着因子。引起仔猪黄痢的大肠杆菌的菌毛，以 K88 为最常见。病原性大肠杆菌与肠道内寄居和大量存在的非致病性大肠杆菌，在形态、染色、培养特性和生化反应等无任何差别，但在抗原构造上有所不同。

（二）诊断要点

1. 仔猪黄痢

仔猪黄痢又称早发性大肠杆菌病，1～7 日龄左右的仔猪发生的一种急性、高度致死性的疾病。临床上以剧烈腹泻、排黄色水样稀便、迅速死亡为特征。剖检常有肠炎和败血症，有的无明显病理变化。

从病猪分离到的大肠杆菌有溶血性和非溶血性 2 类，其 O 抗原型因不同地域和时期而有变化。但在同一地点的同一流行中，常限于 1~2 个型。多数病原菌株都有菌毛吸着因子并产生肠毒素，已知吸着因子（也称黏着因子）有 K88、K99、987p 和 F41 4 种，且各具独特的抗原性。肠毒素以热敏肠毒素 LT 为主。这是大肠杆菌引起仔猪黄痢的 2 个主要因素。

【流行特点】本病在世界各地均有流行。炎夏和寒冬潮湿多雨季节发病严重，春秋温暖季节发病少。猪场发病严重，分散饲养的发病少。

主要发生在 1 周龄以内的乳猪，1~3 日龄多发，新生 24 小时内仔猪最易感染发病。在梅雨季节也有生后 12 小时发病的。头胎母猪所产仔猪发病最为严重，随着胎次的增加，仔猪发病逐渐减轻。这是由于母猪长期感染大肠杆菌而逐渐产生了对该菌的免疫力。在新建的猪场，本病的危害严重，之后发病逐渐减轻也就是这个原因。随着日龄的增长，发病率和致死率逐渐减少。带菌母猪为本病的传染源，仔猪大多通过吮乳或舔食污染的物体、饲料而经消化道传染。另外猪场卫生条件不良，都能促进本病的发生和流行。

【临床症状】潜伏期短，一般在 24 小时左右，长的也仅有 1~3 天，个别病例到 7 日龄左右发病。窝内发生第一头病猪，一两天内同窝猪相继发病。最急性的病例无明显症状，出生 10 多小时突然死亡，2~3 日龄仔猪感染时病程稍长，最初表现为突然腹泻，排出稀薄如水样粪便，黄色至灰黄色，混有小气泡并带腥臭，随后腹泻愈加严重，数分钟即泻 1 次。病猪口渴、脱水，但无呕吐现象，最后昏迷死亡。

【病理剖检变化】尸体脱水表现皮肤干燥、皱缩，口腔黏膜苍白。肠道膨胀，有多量黄色液状内容物和气体，最显著的病变为肠黏膜呈急性卡他性炎症变化，以十二指肠最严重，肠系膜淋巴结有弥漫性小点出血，肝、肾有凝固性小坏死灶。

【实验室诊断】通常根据发病日龄、临床症状及剖检变化一般可作出诊断。确诊必须有赖于实验检查。其方法为：采取发病仔猪粪便（最好是未经治疗的），或新鲜尸体的小肠前段内容物，接种于麦康凯或鲜血琼脂平板上，挑取可疑菌落作纯培养，经生化试验确定为大肠杆菌后，再作肠毒素或吸着因子的测定。

非致病性大肠杆菌，只能产生内毒素，不产生肠毒素，故用小肠结扎试验呈阴性反应。

2. 仔猪白痢

仔猪白痢是由大肠杆菌引起的 10 日龄左右仔猪发生的消化道传染病。临床上以排灰白色粥样稀便为主要特征，发病率高而致死率低。病原尚不完全肯定。猪肠道菌群失调、大肠杆菌过量繁殖是本病的重要病因。气候变化、饲养管理不当是本病发生的诱因。

根据本病多发于 10 ~ 20 日龄的小猪，一窝仔猪中陆续发生或同时发生；排白色、灰白色或黄白色粥样的粪便；多发于严冬及炎热季节；发病率高死亡率低，可作出初步诊断。

【流行特点】主要发生于 10 ~ 30 日龄仔猪，以 2 ~ 3 周发病最多，7 天以内或 30 天以上发病的较少。一年四季都可发生，但病的发生与饲养管理及猪舍卫生有很大关系，一般以严冬、早春及炎热季节、气温剧变、阴雨连绵或保暖不良及母猪乳汁缺乏时发病较多，尤其是气候突变时多发。

【临床特征】体温一般无明显变化。精神尚好，到处跑动，有食欲。病猪主要发生腹泻，排出白色、灰白色以至黄色粥状有特殊腥臭的粪便。有时粪中混有气泡。下痢严重时，肛门周围、尾及后肢常被稀粪沾污，仔猪精神委顿，食欲废绝，消瘦，走路不稳，寒战。病猪畏寒、脱水，吃奶减少或不吃，有时可见吐奶。除少数发病日龄较小的仔猪易死亡外，一般病猪病情较轻，易自愈，但多反复而形成僵猪。

【病理剖检变化】无特异性变化，一般表现消瘦和脱水等外观变化。胃黏膜潮红肿胀，以幽门部最明显，少数严重病例有出血点。肠黏膜充血潮红，肠内容物呈黄白色，稀粥状，有酸臭味，有的肠管空虚或充满气体，肠壁菲薄而呈半透明，严重病例黏膜有出血点及部分黏膜表层脱落。肠系膜淋巴结肿大。

【实验室诊断】无菌采集肠道内容物或者黏膜，进行细菌分离培养鉴定，动物试验确定致病性大肠杆菌而确诊。

3. 仔猪水肿病

仔猪水肿病是由溶血性大肠杆菌毒素所引起的断奶仔猪眼睑或其他部位水肿、神经症状为主要特征的疾病。临床以突然发烧、头部水肿、共济失调、惊厥和麻痹为特征。病原体为溶血性大肠杆菌。

根据流行病学和特殊的临床症状、病理变化可初步确诊。确诊用肠内容物可分离到病原性大肠杆菌，鉴定其血清型后，可以得出诊断。

【流行特点】该病多发生于仔猪断奶后 1~2 周，尤其是肥胖幼猪，发病突然，病程短，迅速死亡；发病率约 5%~30%，病死率达 90% 以上。发病多是营养良好和体格健壮的仔猪；一般局限于个别猪群，不广泛传播；近年来本病又有新的流行特点：首先发病日龄不断增大，据各地反馈情况 40~50 千克的猪都有水肿病的发生；其次吃的越多、长的越壮的猪发病率和死亡率越高。以 4~5 月份和 9~10 月份较为多见，特别是气候突变和阴雨后多发。据观察，病的发生与饲料和饲养方式的改变、喂给大量浓厚的精饲料等有关，多发生在饲料比较单一而缺乏矿物质（主要为硒）和维生素（B 族及 E）的猪群。

【临床症状】

（1）神经症状 突然发病，四肢运动障碍，后躯无力，摇摆和共济失调；有的病猪做圆圈运动或盲目乱冲，突然猛向前跃；各种刺激或捕捉时，触之惊叫，口吐白沫，叫声嘶哑，倒地抽搐，四肢乱动，似游泳状；逐渐发生后躯麻痹，卧地不起，在昏迷状态中死亡。

（2）体温　体温不高，在病初可能升高，很快降至常温或偏低。

（3）水肿　病猪常见脸部、眼睑或结膜及其他部位水肿。重者延至颜面、颈部，头部变"胖"。病程数小时至 1 ~ 2 天。

【病理剖检变化】全身多处组织水肿、特别是胃壁黏膜水肿是本病的特征。胃的大弯、贲门部水肿，在胃的黏膜层和肌肉层之间呈胶冻样水肿，切面流出无色或混有血液而呈茶色的渗出液，或呈胶冻状。结肠肠系膜及其淋巴结水肿，整个肠系膜凉粉样，切开有多量液体流出，肠黏膜红肿。大肠肠系膜水肿和结肠肠系膜胶冻状水肿亦很常见。此外，上下眼睑、颜面、下颌部、头顶部皮下呈灰白色凉粉样水肿。除了水肿的病变外，胃底和小肠黏膜、淋巴结等有不同程度的充血。心包、胸腔和腹腔有程度不等的积液。

（三）防治措施

1. 仔猪黄痢

【预防】要采取综合措施进行预防。

（1）管理措施　预防本病的关键是加强饲养管理，加强怀孕母猪产前产后的饲养与护理，产房严格清扫、冲洗、消毒，母猪分娩时专人守护，在未哺乳前，使用高锰酸钾温热水擦洗乳头消毒，仔猪应及时吮吸初乳。

（2）免疫接种　用针对本地（场）流行的大肠杆菌血清型制备的多价活苗或灭活苗接种妊娠母猪或种猪，可使仔猪获得被动免疫。

（3）药物预防　在母猪产前与产后 3 天，在饲料中添加土霉素、环丙沙星等药物预防。仔猪出生 8 小时以内，将新霉素粉或氟苯尼考粉按每头 0.25 克，涂抹于仔猪口腔内。

近年来在我国兴起的微生态制剂，通过调节仔猪肠道内微生物菌系的平衡，抑制有害大肠杆菌的繁殖也有一定的预防作用。另外，注意保持猪舍温度适宜，环境清洁、干燥。

【治疗】出现症状时再治疗，往往效果不佳。一头发病，应全窝同治。治疗越早，损失越小。治疗药物，主要是庆大霉素、新霉素、磺胺类药、喹诺酮类药物，治疗同时给仔猪补液如口服补液盐或者5%葡萄糖。大肠杆菌易产生抗药性，宜交替用药，如果条件允许，最好先做药敏试验后再选择用药。

2. 仔猪白痢

【预防】由于本病病因尚不十分明确，因此疫苗预防效果往往并不理想，药物预防可参照仔猪黄痢的预防方案。

加强妊娠母猪和哺乳母猪的饲养管理，防止过肥或过瘦。合理调配饲料，使母猪在怀孕期及产后有较好的营养，保持泌乳量的平衡，防止乳汁过浓或过稀，保证乳汁的品质。母猪产仔前，将圈舍（产圈）打扫干净，彻底消毒，或用火焰喷灯消毒铁架和地面。母猪乳房用消毒液或温水洗净、擦干。阴门及腹部亦应擦洗干净。尽量减少或防止各种应激因素的发生。仔猪早开食，早补铁，增强体质。

【治疗】治疗仔猪白痢的方法和药物种类很多，一般遵循抑菌、收敛及促进消化的原则，常用药物如白龙散、金银花大蒜液、微生态活菌制剂、土霉素或金霉素、喹诺酮类、磺胺类药物等。

3. 仔猪水肿病

【预防】本病尚无有效的疫苗进行预防。预防本病关键在于改善饲养管理，饲料营养要全面，蛋白质不能过高。在没有本病的地区，不要从有病地区购进新猪，邻近猪场发生本病，应做好卫生防疫工作。在有本病的猪群内，对断乳仔猪在饲料中添加适宜的抗菌药物。切忌突然断乳和突然更换饲料，断乳时防止突然改变饲养条件，断乳后的仔猪不要饲喂过饱。猪舍保持清洁、干燥、卫生，定期冲洗消毒。缺硒地区每头仔猪断奶前补硒。

【治疗】对此病治疗主要是综合、对症疗法。初期治疗效果一般，后期无效。病初，可投服适量缓泻盐类泻剂，促进胃肠蠕动和分泌，以排出肠内容物；肌内注射抗菌药物如庆大霉素、大蒜素、小诺霉素、磺胺类药物等。

二、猪气喘病

（一）发病原因

猪气喘病，亦称猪支原体肺炎、猪地方流行性肺炎，后来又称霉形体性肺炎。是由猪肺炎支原体所引起的猪的一种慢性呼吸道传染病，多呈慢性经过。以咳嗽、气喘为其特征。感染猪发育迟缓，饲料转化率降低，造成严重的经济损失。

（二）诊断要点

对症状明显的猪，可以根据症状、特征性病变，结合流行病学进行诊断；对慢性和隐性猪，X线检查有重要价值。由于本病的隐性感染较多，因而在诊断时应以猪群为单位，如发现一头病猪，即可认为该群是病猪群。

【流行特点】不同品种、年龄、性别的猪均能感染。其中以哺乳仔猪和幼猪最易感，发病率和死亡率较高，其次是妊娠后期的母猪和哺乳母猪。本病四季均可发生，以冬春寒冷季节多见。仔猪断奶过早、猪舍通风不良、猪群拥挤、气候突变、阴湿寒冷、饲养管理和卫生条件不良可诱发本病且加重病情。另外持续的沙尘和浮尘天气也是该病发生的主要诱因。

【临床症状】主要症状为咳嗽与气喘，尤其在猪早晚出圈、吃食或驱赶运动、夜间和天气骤变时发生最多。体温、精神、食欲变化不明显。一般表现频繁低头咳嗽，鼻腔流出灰白色黏性或脓性鼻液。病情严重时，则出现呼吸困难，呈犬坐式，张口伸舌，口鼻流沫，发出喘鸣声，似拉风箱。病猪的预后也视管理条件的好坏而减轻或加重。病程长短不一，最长者可达 6 个月。

【病理剖检变化】 病变局限于肺和胸腔内的淋巴结。病变部与健康组织的界限明显，两侧肺叶病变分布对称，呈灰红色或灰黄色、灰白色，硬度增加，外观似肉样或胰样，切面组织致密，可从小支气管挤出灰白色、混浊、黏稠的液体，支气管淋巴结和纵隔淋巴结肿大，切面黄白色，淋巴组织呈弥漫性增生。急性病例，有明显的肺气肿病变。

【实验室诊断】

1. X 线诊断

对隐性猪，早期病猪均可确诊，病猪的肺叶心侧区和心膈角区呈现不规则云絮状的阴影，密度中等，边缘模糊，肺叶的外周区无明显的变化。对阴性猪应隔 2~3 周后再复检。

2. 血清学方法

报道的有间接血凝、凝集、琼扩、微量补反及荧光抗体等，但均未应用于生产实践，需做进一步研究。

【鉴别诊断】 本病应注意与猪流感、猪肺疫、肺丝虫病、蛔虫病相区别。

肺丝虫和蛔虫的幼虫虽都可以引起咳嗽，也可能引起支气管肺炎，但病变部位多位于膈叶下垂部，仔细检查时可发现虫体。

猪流感是由猪流感病毒引起的猪的一种急性、高度接触性传染病，以突然发生，传播迅速，很快康复，预后良好为特征。多在晚秋、早春、气候骤变时流行，发病率高，病死率低，病程短。主要症状为：发热、咳嗽、鼻漏、委顿，一周内即康复。而气喘病体温、精神变化不明显，病程较长，传播较缓慢，两者可以区分。

（三）防治措施

【预防】

1. 全进全出

在每批猪进栏前彻底消毒和空栏，同时做好防鼠、灭蝇工作，以减少疫病发生。

2. 加强饲养管理

猪要来自非疫区，猪栏之间要隔开，防止飞沫传染，保持栏内不拥挤，通风良好。病健隔离，患病母猪禁止喂奶。

3. 新引进猪进行预防性投药

如泰妙菌素，每吨饲料加入 40 ~ 100 克，连喂 5 ~ 10 天。

4. 疫苗预防

猪气喘病灭活菌苗肌内注射 2 毫升，仔猪 7 ~ 14 日龄初免，15 天后二免；种猪每年加强免疫 1 次。

【治疗】土霉素、卡那霉素、金霉素、四环素均有一定疗效。恩诺沙星、诺氟沙星治疗本病效果较好。加强营养，注意防寒保暖，可以提高药效，有利于康复。

三、副猪嗜血杆菌病

（一）发病原因

副猪嗜血杆菌病是由副猪嗜血杆菌引起猪的多发性浆膜炎和关节炎的细菌性传染病，该病又称为革拉斯氏病。呈世界性分布，临床症状表现以发热、咳嗽、呼吸困难、消瘦、跛行、共济失调和被毛粗乱等为特征，引起肺的浆膜、心包、腹腔浆膜、四肢关节浆膜的纤维素性炎为特征的呼吸道综合征。此外，副猪嗜血杆菌还可引起败血症，并且在急性感染后可能留下后遗症，即母猪流产、公猪慢性跛行。

（二）诊断要点

【流行特点】该病通过呼吸系统传播。当猪群中存在繁殖呼吸综合征、流感或地方性肺炎的情况下，该病更容易发生。饲养环境不良时本病多发。断奶、转群、混群或运输也是常见的诱因。

副猪嗜血杆菌只感染猪，可以影响从 2 周龄到 4 月龄的青年猪，主要在断奶前后和保育阶段发病，通常见于 5~8 周龄的猪，发病率一般在 10%~15%，严重时死亡率可达 50%。

【临床症状】急性病例，往往首先发生于膘情良好的猪，病猪发热（40.5~42.0℃）、精神沉郁、食欲下降，呼吸困难，腹式呼吸，皮肤发红或苍白，耳梢发紫，眼睑皮下水肿，行走缓慢或不愿站立，腕关节、跗关节肿大，共济失调，临死前侧卧或四肢呈划水样，有时会无明显症状突然死亡；慢性病例多见于保育猪，主要是食欲下降，咳嗽，呼吸困难，被毛粗乱，四肢无力或跛行，生长不良，直至衰褐而死亡。

【病理剖检变化】胸膜炎明显（包括心包炎和肺炎），关节炎次之，腹膜炎和脑膜炎相对少一些。以浆液性、纤维素性渗出为特征（严重的呈豆腐渣样）。肺可有间质水肿、粘连，心包积液、粗糙、增厚，腹腔积液，肝脾肿大、与腹腔粘连，关节病变亦相似。

【实验室诊断】采集浆膜表面物质或渗出的胸水、心包积液及心脏血液，涂片，染色镜检，可见双球杆菌或者细长杆菌或丝状菌等，作出初步诊断，确诊需进一步分离培养鉴定。

（三）防控措施

【预防】需采取综合措施，预防该病的发生和流行。

1. 加强饲养管理

加强管理，减少或消除其他病原菌，减少猪群流动，杜绝猪生产过程中不同阶段的混养。

2. 严格消毒

彻底清理猪舍卫生，用 2% 氢氧化钠水溶液喷洒猪圈地面和墙壁，2 小时后用清水冲净，再用复合碘喷雾消毒，连续喷雾消毒 4~5 天，消灭或减少猪舍内各种病原的数量，以防感染发病。

3. 疫苗接种

用当地分离的菌株制备灭活苗，可有效控制本病。

4. 药物保健

引进猪只、保育阶段仔猪，可使用抗生素药物拌料或者饮水保健，连用1周。

【治疗】隔离病猪，用敏感的抗菌素进行治疗。一旦出现临床症状，应立即采取抗生素拌料的方式对整个猪群治疗，发病猪大剂量肌注抗生素。大多数血清型的副猪嗜血杆菌对头孢菌素、氟甲砜、庆大霉素、壮观霉素、磺胺及喹诺酮类等药物敏感。为控制本病的发生发展和耐药菌株出现，应进行药敏试验，选择敏感药物。

在应用抗生素治疗的同时，口服纤维素溶解酶，可快速清除纤维素性渗出物、缓解症状、降低猪群死亡率。

四、猪传染性胸膜肺炎

（一）发病原因

猪传染性胸膜肺炎是由胸膜肺炎放线杆菌引起猪的一种高度传染性呼吸道疾病，又称为猪接触性传染性胸膜肺炎。以急性出血性纤维素性胸膜肺炎和慢性纤维素性坏死性胸膜肺炎为特征，急性型呈现高死亡率。

（二）诊断要点

根据本病主要发生于育成猪和架子猪以及天气变化等诱因的存在，比较特征性的临床症状及病理变化特点，可做出初步诊断。确诊要对可疑的病例进行细菌学检查。

【流行特点】本病主要由空气和猪与猪接触而传播。急性感染猪分泌物污染的用品也能起间接传播作用。猪群间的疾病传播常由引进带菌猪或慢性感染猪引起。应激因素，如拥挤、不良气候、气温突变、相对湿度增高和通风不良等有助于疾病的发生和传播。

所有年龄的猪均易感，在急性暴发期，发病率高，可达85%～

100%。根据环境和菌株毒力,死亡率不等(0.4%～100%),但一般较高。

【临床症状】本病的病程可分为最急性、急性、亚急性和慢性。

最急性:同圈或不同圈的几头猪突然发病,病情严重。体温升高,可至41.5℃,沉郁、厌食,有短暂轻微腹泻和呕吐。开始呼吸症状不明显,但心跳加快,发展为心脏衰竭。后期呈犬坐势,张口呼吸,耳、鼻、腿及全身皮肤发红与出现紫斑。一般经24～36小时死亡,死前从口和鼻孔流出带泡沫的血样渗出物。

急性:同圈或不同圈许多猪同时发病,体温40.5～41℃,沉郁、拒食、咳嗽、呼吸困难、有时张口呼吸。常出现心脏衰竭。病程依据肺部病变和开始治疗时间而不同,可发生死亡,也可转为亚急性或慢性。

亚急性和慢性:常由急性转变而成,体温不升高或略有升高,食欲不振,阵咳或间断性咳嗽,增重率降低。在慢性感染群中,常有许多亚临诊症状病猪,如有其他呼吸道感染,症状加剧。

【病理剖检变化】病变主要存在于呼吸道,肺炎大部为两侧性,涉及心叶、尖叶和部分隔叶,肺炎病变为局灶性,且界限分明。肺炎区色暗、坚实。纤维素性胸膜炎很明显,胸腔内有血样液体。急性死亡病例,气管和支气管充满泡沫状血样黏液性渗出物。

在慢性病例,肺脏上形成大小不等的结节,少数在隔叶,这些脓肿样结节被一层厚结缔组织膜包裹。有些区域胸膜粘连,在许多病例肺部病变消失,只残留部分病灶与胸膜粘连。

【实验室诊断】包括直接镜检、细菌的分离鉴定和血清学诊断。

生产上可从病猪的鼻、支气管分泌物和肺脏病变部位采取病料涂片或触片,革兰氏染色,显微镜检查,如见到多形态的两极浓染的革兰氏阴性小球杆菌或纤细杆菌，可进一步鉴定。

【鉴别诊断】急性病例，应与猪瘟、猪丹毒、猪肺疫及猪链球菌病做鉴别诊断。慢性病例应与猪喘气病区别。

（三）防控措施

【预防】

（1）首先应加强饲养管理，严格卫生消毒措施，注意通风换气，保持舍内空气清新。减少各种应激因素的影响，保持猪群均衡的营养水平。

（2）应加强猪场的生物安全措施。从无病猪场引进公猪或后备母猪，防止引进带菌猪；采用"全进全出"饲养方式，出猪后栏舍彻底清洁消毒，空栏1周才重新使用。

（3）对已污染本病的猪场应定期进行血清学检查，清除血清学阳性带菌猪，并制定药物防治计划，逐步建立健康猪群。在混群、疫苗注射或长途运输前1~2天，应投喂敏感的抗菌药物，如在饲料中添加适量的磺胺类药物或泰妙菌素、泰乐菌素、壮观霉素等抗生素，进行药物预防，可控制猪群发病。

（4）疫苗免疫接种，目前国内外均已有商品化的灭活疫苗用于本病的免疫接种。一般在5~8周龄时首免，2~3周后二免。母猪在产前4周进行免疫接种。可应用包括国内主要流行菌株和本场分离株制成的灭活疫苗预防本病，效果更好。

【治疗】猪群发病时，应以解除呼吸困难和抗菌为原则进行治疗，并要使用足够剂量的抗生素和保持足够长的疗程。本病早期治疗可收到较好的效果，但应结合药敏试验结果选择抗菌药物。一般可用新霉素、四环素、泰妙菌素、泰乐菌素、磺胺类等。对发病猪采用注射效果较好，对发病猪群可在饲料中适当添加大剂量的抗生素有利于控制疾病，可防止新的病例出现。抗生素虽可降低死亡率，但经治疗的病猪常成为带菌者。药物治疗对慢性病猪效果不理想。

五、猪链球菌病

(一) 发病原因

猪链球菌病是由链球菌属中致病性链球菌所引起的一种人畜共患的急性、热性传染病。近年来发病率上升，主要表现为急性出血性败血症、心内膜炎、脑膜炎、关节炎、哺乳仔猪下痢和孕猪流产等，本病传播快，死亡率高，对养猪业的威胁逐渐增大。

(二) 诊断要点

【流行特点】 本病可以感染多种动物和人。一年四季均可发生，无明显季节性，但夏、秋季和潮湿闷热的天气多发。在猪中以架子猪和妊娠母猪发病率高，病猪和带菌猪是本病的主要传染源，对病死猪的处置不当和运输工具的污染是造成本病传播的重要因素。主要经消化道、呼吸道和损伤的皮肤感染。呈地方性流行，新疫区可呈暴发流行，发病率和死亡率较高。老疫区多散发，发病率和死亡率较低。

【临床症状】

(1) 急性败血型 常为暴发流行，成年猪较多见，突然死亡，死前体温 41~43℃，肌肉震颤，多处皮肤出现紫斑，个别病猪出现多发性关节炎或运动障碍症状，后期呼吸困难，可在 1~3 天内死亡，部分病例死前鼻孔流出暗红色血液，病死率达 80%~90% 以上。

(2) 脑膜炎型 多见仔猪，常因断乳、去势、转群、拥挤和气候骤变等诱发。病初体温高达 40.5~42.5℃，表现共济失调及运动障碍。个别病猪发生关节炎。病程达 3~5 天者，有的小猪在头、颈、背等部位出现水肿。

(3) 亚急性型和慢性型 由败血型和脑膜炎型转化而来，主要表现关节炎、心内膜炎、化脓性淋巴结炎、脓肿、子宫内膜炎、乳房炎及皮炎等症状。呈散发或地方性流行，病程长，十几天至一个多月，症状比较缓和。一般不引起死亡。

【病理剖检变化】急性败血型主要表现败血症，各器官充血、出血明显，心包液增加，脾肿大，有些病例背、颈等处皮肤潮红。有神经症状的猪可见脑膜充血、出血，脑积液，心包腔有纤维素性覆盖物、关节肿大，病猪可见关节周围肿胀，关节囊内有黄色胶样液体，重者关节软骨坏死。

【实验室诊断】取相应的病料涂片，革兰氏染色镜检，可见呈紫色（革兰氏阳性）的单个、成对、短链或呈长链的球菌。也可以进行分离培养鉴定。

（三）防控措施

【预防】加强猪场饲养管理和环境清洁、消毒工作。减少各种应激因素。降低猪舍饲养密度，避免过度拥挤。避免尖锐物品划伤仔猪。同时使用猪败血性链球菌病弱毒疫苗进行免疫接种。

发生本病时，应立即隔离猪群，并对病死猪进行无害化处理。在本病流行季节，可用药物预防，以控制本病的发展。

【治疗】将病猪及时隔离并进行治疗。对关节炎幼猪可用头孢噻呋或林可霉素进行治疗，按每千克体重10万单位加地塞米松2毫克肌内注射，每日2次。对败血症及脑膜炎病猪，应在发病早期使用大剂量的抗生素或磺胺类药物进行治疗，较敏感的药物有氨苄青霉素、青霉素、链霉素、磺胺噻唑钠等。对发病严重、出现高热症状的病猪可用较大剂量的头孢噻呋或阿莫西林加氨基比林稀释后肌内注射，按10毫克/千克剂量进行肌内注射，每天2次，连用3~5天。对淋巴结脓肿，待脓肿成熟变软后，及时切开，排除脓汁，用0.1%高锰酸钾液冲洗后，涂上碘酊，配合肌内注射青霉素等抗菌药物。

六、猪附红细胞体病

（一）发病原因

猪附红细胞体病是由附红细胞体寄生于人、猪等多种动物的红细胞或血浆中引起的一种人畜共患传染病，猪附红细胞体病主要以急性黄疸性贫血和发热为特征，严重时导致死亡。

（二）诊断要点

【流行特点】本病夏季多发，以吸血昆虫中的蚊、螫蝇、虱、蠓等为主要传播媒介，也可通过胎盘的垂直传播。环境应激、病原混合感染；分娩、长途运输、饲养管理不良、并群、密集饲养方式等，均有可能诱导发病。

【临床症状】

（1）急性　首先出现肺炎，表现高热、皮肤、黏膜苍白，四肢特别是耳廓边缘发绀、坏死，有时可见有黄疸、腹泻；以断奶仔猪特别是阉割后几周多见。育肥猪日增重下降，易发生急性溶血性贫血。后期常继发肠炎而下痢。

（2）慢性　病猪表现贫血、消瘦，常常成为僵猪。猪附红体可长期存在于猪体内，病愈猪可终生带菌。

母猪感染后呈急性感染，食欲不振，持续高热、呼吸急促、贫血、皮肤苍白，少乳或无乳，以产后多见，慢性感染母猪还可出现繁殖障碍，如受孕率降低、发情推迟、流产、死产、产弱仔等，但少有产木乃伊胎。

【病理剖检变化】全身脂肪和脏器显著黄染。肺水肿，心包积液，全身淋巴结肿大，肝脾和胆囊肿大，胆汁充盈。发热病猪血液呈水样，稀薄，不黏附试管壁；将试管中含抗凝剂的血液冷却至室温倒出，可见管壁上有粒状微凝血，将血液冷却，这种现象更明显，当血液加热到37℃时，这种现象几乎消失。对附红体病，这具有特异性。

【**实验室诊断**】　在急性发热期间作显微镜检查效果最好。采耳静脉末梢血，将血样在水浴锅内加热至38℃，制成血液抹片，经姬姆萨染色，油镜下观察，若在红细胞表面见到卵圆形或圆形的、或完全将红细胞包围的链状附红细胞体即可确诊。

（三）防控措施

【**预防**】　加强饲养管理，给予全价日粮，减少不良应激都是防止本病发生的有效措施。当怀疑母猪带虫时，则相应的疫苗注射和药物治疗时均需更换针头。在实施诸如剪齿、阉割、打耳号、断尾等管理程序时，均应注意更换器械或严格消毒。定期驱杀蚊虫，虱子等；防止猪只斗殴，咬架。

在本病的高发季节，可在饲料中添加药物预防：饲料中添加土霉素800毫克/千克和阿散酸45~90毫克/千克，拌料服用1个月；添加金霉素48克/吨饲料或50毫克/升水中，投服大群猪。

【**治疗**】　目前用于治疗猪附红细胞体的药物虽有多种，但真正特效并能将虫体完全清除的药物还不存在，每一种药物对病程较长和症状严重的猪效果都不好。原则上要早期用药，同时要进行辅助性对症治疗和做好消毒工作。

常用的药物有血虫净、阿散酸、土霉素等。

血虫净　在猪发病初期，采用该药效果较好，按5~7毫克/千克体重深部肌内注射，间隔48小时重复用药1次。

阿散酸　对病猪群，每吨饲料混入180克，连用1周，以后改为半量，连用1个月。

土霉素　3毫克/千克体重肌内注射，连用1周。

七、猪传染性萎缩性鼻炎

（一）发病原因

猪传染性萎缩性鼻炎主要是由支气管败血波氏杆菌和产毒素

性多杀性巴氏杆菌感染引起的一种慢性传染病。其特征是鼻甲骨（尤以鼻甲骨的下卷曲部分）发生萎缩。临床主要表现为慢性鼻炎和颜面部变形，生长迟缓。世界各地都有本病，我国以往无此病，由于种猪进口检疫不严，现也有散发病例。

（二）诊断要点

【流行特点】病猪和带菌猪，通过直接接触或经呼吸道飞沫传染，多数由带菌母猪传染给仔猪。猫、大鼠和兔源性的病原菌也可引起猪感染和发生传染性萎缩性鼻炎。本病在猪群内传播比较缓慢，多为散发或地方性流行，不同年龄的猪均有易感性，以2~5月龄仔猪最易感染。初生5周内仔猪被感染时，在发生鼻炎后，多引起鼻甲骨萎缩；断奶猪被感染时，则鼻炎消失后，可能不发生或只发生轻度的鼻甲骨萎缩，以后成为带菌猪。

猪圈潮湿、拥挤、蛋白质、矿物质（特别是钙、磷）和维生素缺乏时，可促进本病发生。

【临床症状】最初呈现鼻炎症状：喷嚏、剧烈地将鼻端向周围的墙上或其他物体上摩擦，鼻腔流出（少量）浆液性或黏液、脓性鼻液。同时可见流泪，附着在眼内角下的弯月形黄、黑色泪斑。常见鼻衄，经数周这些症状消失而自愈。感染时年龄愈小，则发生鼻甲骨萎缩的愈多，也愈严重。主要表现在：颜面部变形或歪斜（两侧损害一致时）出现短鼻、向上翘，鼻背皮肤粗厚，有深的皱纹，当一侧损害较重时，则成为歪鼻猪。

【病理剖检变化】特征性病变是鼻腔的软骨、鼻甲骨发生软化和萎缩，特别是鼻甲骨的下卷曲萎缩最常见。严重病例，鼻甲骨完全消失，鼻中隔弯曲，使鼻腔变为一个鼻道。

【实验室诊断】

（1）X线检查 对症状可疑的病猪，做鼻面部的X线摄影，能查出鼻甲骨有无萎缩，但不能查出是否带菌。

（2）细菌学检查 对有急性症状的患病仔猪有较高的检出率，用灭菌鼻拭子探进鼻腔的1/2深处，小心转动数次，取黏液性分泌物作细菌分离培养，最常用的培养基是含 1% 葡萄糖的血清麦康凯琼脂，37℃ 48 小时后观察，如菌落呈烟灰色，中等大小、透明，培养物有特殊腐霉气味，染色为革兰氏阴性杆菌，用支气管败血波氏杆菌的兔免疫血清进行玻板凝集反应为阳性，则移植于肉汤、琼脂进一步作生化鉴定。最后用抗 O、抗 K 血清作凝集反应来确认 I 相菌。

（三）防控措施

【预防】加强口岸检疫，及时消灭疫源。对发病猪场进行消毒封锁，停止外调，淘汰病猪，更新种猪群。从国外引种时严格检查，不再引进带菌猪，对于已有本病存在猪场，则应做到就地控制和消灭，不留后患，最好方法是严格封锁的情况下，全部催肥屠宰肉用。

药物预防：用土霉素等抗菌素及磺胺类药物防治本病有效。土霉素按 0.6 克/千克饲料，连喂 3 天，可防止新病例出现。

菌苗预防：对新生猪接种和或对妊娠母猪接种，可按以下程序进行免疫：初产母猪，产前 4 周和 2 周各免疫 1 次，经产母猪在产前 4~2 周免疫 1 次，公猪每年 1 次，非免疫母猪所产仔猪，在 7~10 日龄和 3~4 周龄各免疫 1 次。

【治疗】应及早治疗，7 日龄以后的仔猪一旦出现打喷嚏和鼻子发痒的症状即开始治疗，否则治疗效果不明显。

（1）肌内注射 30% 安乃近或复方新诺明注射液，或 10% 磺胺嘧啶、2.5% 恩诺沙星。也可用 0.025% 盐酸环丙沙星饮水治疗。

（2）可用 5% 麻黄素 5 毫升加青霉素 80 万单位混合或用 0.1% 肾上腺素滴鼻，链霉素溶液（100 万链霉素加注射用水 25 毫升溶解）滴鼻或冲洗鼻腔；也可用土霉素或磺胺二甲嘧啶拌料饲喂。

八、猪魏氏梭菌病（仔猪红痢）

（一）发病原因

猪魏氏梭菌病（又称猪梭菌性肠炎或仔猪红痢）是由 C 型产气荚膜梭菌引起的新生仔猪一种高度致死性肠毒血症。以排血样便、肠坏死、病程短、病死率高为特征。猪魏氏梭菌也可以感染母猪以及成年猪，造成急性出血性下痢性猝死。

（二）诊断要点

【流行特点】主要侵害 1 周龄内，特别是 1~3 日龄初生仔猪，1 周龄以上很少发病。同一猪群不同窝发病率不同，死亡率很高，可达 70%~100%。此病一旦传入，很难根除，年复一年的在产仔季节发生，传染源主要是母猪经肠道排菌造成地面、奶头污染，引起仔猪感染。

【临床症状】最急性病例排血便，往往于产后当天或第二天死亡；急性病例排浅红褐色水样粪便，多于产后第三天死亡；亚急性病例开始排黄色软粪，以后粪便呈淘米水样，含有灰色坏死组织碎片，有食欲，但逐渐消瘦，于 5~7 日龄死亡；慢性病例呈间歇性或持续性下痢，排灰黄色黏液便，病程十几天，生长很缓慢，最后死亡或被淘汰。

【病理剖检变化】主要在空肠和回肠，以空肠的病变最重。空肠呈深红色，肠腔充满含血的液体，肠系膜淋巴结鲜红色。最急性病例，空肠呈暗红色，肠腔充满血样液体，肠系膜淋巴结呈鲜红色。急性病例肠黏膜坏死变化明显，而出血较轻，肠黏膜呈黄色或灰色，表面附有伪膜，肠壁粘着大量坏死组织碎片，肠绒毛脱落，有些病例的空肠有约 40 厘米长的臌气段。病程稍长的亚急性病例，发生非出血性坏死性肠炎，肠壁变厚，容易碎，黏膜上附有灰黄色坏死性假膜，特别是坏死肠段的肠浆膜面和肠系膜布满大小不一的气泡。

【实验室诊断】在亚急性病例常采集小肠内容物或者刮取坏死肠段黏膜,抹片、染色、镜检,当见革兰氏阳性、大杆菌可做出初步诊断,再进一步接种血液平皿进行厌氧培养,分离鉴定,最后确诊。毒素的鉴定采用小白鼠中和实验。

(三)防控措施

【预防】加强猪舍与环境的清洁卫生和消毒工作,产房和分娩母猪的乳房应于临产时彻底消毒。

1. 疫苗预防措施

可在母猪分娩前半个月和一个月,各肌内注射仔猪红痢菌苗1次,剂量5~10毫升,可使仔猪通过哺乳获得被动免疫。

2. 药物预防措施

仔猪出生后,在未吃初乳前及以后的3天内,口服阿莫西林或者庆大霉素,有防治仔猪红痢的效果。

【治疗】本病发病急、病程短,往往来不及治疗。在常发病猪场,可在仔猪出生后,用抗生素如阿莫西林、土霉素进行预防性口服。病仔猪用头孢类药物、青霉素、阿莫西林等药物治疗,结合使用止血药维生素 B_6 和地塞米松治疗,但效果不是很理想。

九、猪副伤寒

(一)发病原因

猪副伤寒,又称猪沙门氏菌病,是由沙门氏菌感染引起的一种仔猪常见传染病。急性病例呈败血症变化,慢性病例呈坏死性、纤维素性肠炎。本病主要发生于1~4月龄仔猪,成年猪很少发病。

(二)诊断要点

【流行特点】本病常发生于1~4月龄猪,常呈散发性,有时呈地方性流行。病猪及带菌猪通过粪尿把病原菌不断排泄到外界,污染环境,经消化道感染发病。仔猪饲养管理不当，圈舍潮湿、拥挤，缺乏运动，饲料单一或品质不良，突然更换饲料，气候突变，长途运输等都是发病的主要诱因。

【临床症状】

（1）急性败血型　病初体温升高达 41～42℃，精神沉郁，不食。后期下痢，出现水样、黄色粪便。呼吸困难。耳尖、胸前和腹下及四肢末端皮肤有紫红色斑点。本病多数病程为 2～4 天。病死率高。

（2）亚急性和慢性　病猪体温升高达 40.5～41.5℃，精神不振，寒战，扎堆，眼有黏性或脓性分泌物，上下眼睑常被粘着。少数发生角膜混浊，严重发展为溃疡，甚至穿孔。病猪食欲减退，消瘦，初便秘后下痢，粪便呈水样淡黄色或灰绿色，恶臭。部分病猪在病的中、后期皮肤出现弥漫性湿疹，特别腹部皮肤，有时可见绿豆大、干枯的浆性覆盖物，揭开可见浅表溃疡。病程 2～3 周或更长，最后极度消瘦，衰竭而死，死亡率低。康复病例，往往生长不良，成为僵猪。

【病理剖检变化】急性者呈败血症变化。全身各黏膜、浆膜均有不同程度的出血斑点。脾脏肿大、质地较硬，色暗带蓝，肠系膜淋巴结索状肿大，其他淋巴结肿大。肝、肾不同程度肿大、充血、出血。有时见肝实质有黄灰色坏死点。

亚急性和慢性病死猪特征性病变是盲肠、结肠可见坏死性肠炎，有时可波及至回肠后段，肠壁增厚，肠黏膜表面覆盖一层灰黄色弥漫性坏死性腐乳状物质，剥开可见底部红色、边缘不规则的溃疡面。肠系膜淋巴结索状肿胀，部分呈干酪样变。有的可在肺的心叶、尖叶和隔叶前下缘发现肺炎实变区。

【实验室诊断】取肝、脾等病料作细菌的分离培养鉴定或荧光抗体染色，才能确诊。

（三）防控措施

【预防】改善饲养管理和卫生条件，消除引起发病的诱因，圈舍彻底清扫、消毒，粪便堆积发酵后再利用。

进行免疫接种，1月龄以上哺乳或断奶仔猪，用仔猪副伤寒冻干弱毒菌苗预防，免疫期9个月。

【治疗】发病时对易感猪群要进行药物预防，可将药物拌在饲料中，连用5~7天。治疗的药物有氟苯尼考、环丙沙星、土霉素、复方新诺明、庆大霉素、磺胺嘧啶等抗菌药。最好进行药敏试验，选择敏感药物。

十、猪肺疫

（一）发病原因

猪肺疫又称猪巴氏杆菌病，俗称"锁喉风"，是由巴氏杆菌感染引起的一种急性、热性传染病，以败血症、咽喉炎和胸膜肺炎为主要特征。

（二）诊断要点

【流行特点】不同年龄、性别和品种的猪都可感染。饲养管理不善、长途运输、寄生虫病等诱因可使猪体抵抗力降低，引起内源性感染。本病一年四季都可发生，常与猪瘟病毒及猪肺炎支原体混合感染或继发感染。病猪的分泌物不断排出有毒力的病菌，经消化道、呼吸道或皮肤、黏膜的伤口感染健康猪。本病一般为散发，但毒力较强的病原菌有时可引起地方性流行。

【临床症状】

（1）最急性型　俗称"锁喉风"，往往突然死亡。前一天未见任何症状，次晨已死于圈中。经过稍慢的，体温升高到41~42℃，结膜发绀，耳根、颈部及腹部皮肤变成红紫色，有时有出血斑点。最特征性的症状是咽喉部急性肿胀，发红，触诊热而坚实，按压有明显的颤抖，严重者肿胀向上可延伸到耳根，向后可达前胸。患猪呼吸极度困难，口鼻流出泡沫，常做犬坐姿势，多因窒息死亡。病程 1 ~ 2 天，致死率100%，未见有自然康复者。

（2）急性型　主要为败血症和急性胸膜肺炎。体温40 ~ 41℃，痉挛性咳嗽和湿咳，鼻流黏液性带血鼻液。呼吸困难呈犬坐式，可视黏膜发绀，眼结膜有黏性分泌物。初便秘后腹泻。后期皮肤於血或有小出血点，呼吸更加困难，多因窒息而死，不死者往往转为慢性。

（3）慢性型　病猪有肺炎和肠炎症状，持续咳嗽，呼吸困难，鼻孔有黏脓性分泌物。长期下痢，日渐消瘦。有时皮肤出现痂样湿疹，关节肿胀和跛行。多经 2 ~ 4 周因衰竭死亡，其中约30% ~ 40% 的病例可逐渐痊愈，但生长发育往往停滞。

【病理剖检变化】最急性病例，常见咽喉部及其周围组织有出血性胶样浸润。皮下组织可见大量胶胨样液体。全身淋巴结肿大，切面弥漫性出血，肺水肿。急性型主要是纤维素性胸膜肺炎变化。肺有不同程度的肝变区，周围常伴有水肿和气肿，肺切面呈大理石样纹理。胸膜常有纤维素性渗出物，严重的胸腔与肺粘连。胸腔积存大量含纤维蛋白凝块的混浊液体。慢性型的肺炎病变陈旧，有坏死灶，严重的呈干酪性或脓性坏死。肺胸膜明显变厚而粗糙甚至与胸壁或心包粘连。

【实验室诊断】采取心血、各种渗出液和各实质脏器送检。常对上述病料涂片作美蓝染色镜检，如从各病料中均见有两端浓染、周围有一蓝染菌膜的球杆菌时即可确诊。如只从肺脏内见到少数上述形态的巴氏杆菌，而其他脏器内没有发现，仍不能确诊。

（三）防控措施

【预防】根据本病传播特点，首先应增强机体的抗病力。加强饲养管理，消除诱发因素如圈舍拥挤、通风采光差、潮湿、受寒等。圈舍、环境定期消毒。新引进猪隔离观察一个月后健康方可合群。预防接种是预防本病的重要措施，每年定期进行有计划免疫注射。

【治疗】可选用敏感抗生素进行治疗。

（1）10%磺胺嘧啶钠注射液，小猪 20 毫升，大猪 40 毫升，每日肌内或静脉注射 1 次。直到体温下降，症状好转为止。

（2）盐酸土霉素，每公斤体重 39～40 毫克，溶于生理盐水或注射水中，肌内注射，每日 2 次。至体温食欲恢复正常后还需再注射 1 次。

第七章　猪的常见寄生虫病

一、猪弓形虫病

（一）发病原因

弓形虫可寄生于多种动物（如猪、马、牛、羊、犬等）的有核细胞内，其慢殖子、速殖子、卵囊均有感染性，这使得弓形虫在有无终末宿主均可感染，同时由于多种动物可以感染，动物之间可通过多种方式传播，使本病难以防控而广泛流行。正常情况下，猪等动物抵抗力强，能限制弓形虫增殖，使其处于慢殖子状态并形成包囊，此时猪表现为带虫状态，当应激及其他因素导致抵抗力下降时，慢殖子突破包囊并迅速增殖而引起发病。因此，猪群广泛带虫，气候骤变、阉割、断奶、转圈等应激因素是弓形虫发病的主要因素。

（二）诊断要点

【流行特点】 弓形虫的感染在动物中流行广泛。猪通过摄入被弓形虫卵囊污染的食物或饮水或通过摄食含包囊或速殖子（滋养体）的其他动物组织而感染。

猫（以及其他猫科动物）是唯一的终末宿主，在弓形虫传播中起重要作用。包囊主要存在于被感染动物组织中，在组织中可存活数年而不会危及宿主生命。被摄入的卵囊或缓殖子一旦进入肠道，子孢子或缓殖子进入快速增殖阶段。速殖子在肠道的固有层增殖，并最终传播到全身。速殖子可引起组织损伤，并最终发育为缓殖子、形成包囊。如果母猪在怀孕期间被感染，母体血液中的速殖子可通过胎盘进入胎儿体内，引起胎儿感染。发病期间患畜的唾液、痰、粪、尿、乳汁、腹腔液、眼分泌物、肉、内脏、淋巴结及急性病例的血液中都可能含有速殖子。

【临床症状】猪隐性感染时多不表现临床症状，故某些猪场弓形虫感染的阳性率虽然很高，但急性发病却很少。

3～5月龄的仔猪最易感，且发病后病情严重。弓形虫病主要引起神经、呼吸及消化系统的症状。潜伏期为3～7天，病初体温升高，可达42℃以上，呈稽留热，一般维持3～7天，精神迟钝，食欲废绝，便秘或拉稀，有时带有黏液和血液。呼吸急促，每分钟可达60～80次，咳嗽。视网膜、脉络膜发炎甚至失明。皮肤有紫斑（图7－1），体表淋巴结肿胀。怀孕母猪还可发生流产或死胎。耐过急性期后，病猪体温恢复正常，食欲逐渐恢复，但生长缓慢，成为僵猪，并长期带虫。

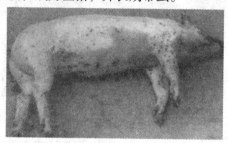

图7－1 病猪体表发绀

【病理剖检变化】急性病例有全身性病变，表现为全身淋巴结肿大出血（图7－2，图7－3）、肝脏、脾脏、肾脏等肿大，并有许多出血点和针尖大到米粒大灰白色坏死灶。肺间质水肿，并有出血点。

【实验室诊断】可采用直接镜检、动物接种、血清学方法等多种方法进行诊断。临床生产中主要采用直接镜检，但是此法检出率低，因此有条件地方可结合血清学实验。

直接镜检：取肺、肝、淋巴结涂片，用姬姆萨液染色后检查；或取患畜的体液、脑脊液涂片染色检查。也可取淋巴结研碎

图7-2　肠系膜淋巴结肿大

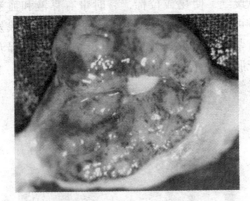

图7-3　淋巴结肿大出血

后加生理盐水过滤，经离心沉淀后，取沉渣作涂片染色镜检可见弓形体的速殖子（图7-4）。

【血清学诊断】国内外已研究出许多血清学诊断法供流行病学调查和生前诊断之用。目前国内常用的有 IHA 和 ELISA 法。间隔2~3周采血，I 克 G 抗体滴度升高4倍以上表明感染处于活动期；I 克 G 抗体滴度不高表明有包囊虫体存在或过去有感染。

（三）防控措施

【预防】严禁使用泔水直接饲喂猪，防止猪的饲料、饮水等被猫粪直接或间接污染；控制或消灭鼠类，以防止猪食入鼠类；养猪场要禁止养猫，或者将猫拴养并定期驱虫，不用生肉喂猫，

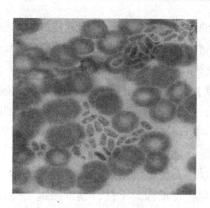

图7-4 急性病例的弓形虫速殖子

猫粪应进行无害化处理等。

【治疗】急性病例使用磺胺类药物有一定疗效，磺胺药与三甲氧苄氨嘧啶（TMP）或乙胺嘧啶合用有协同作用。

磺胺-6-甲氧嘧啶（SMM）：按60~100毫克/千克体重口服。

磺胺-5-甲氧嘧啶（SMD）：按60~100毫克/千克体重口服。

磺胺嘧啶（SD）：按70毫克/千克体重口服；或增效磺胺嘧啶钠注射液20毫克肌注。

二、猪疥螨病

（一）发病原因

疥螨是一种人畜共患寄生虫病，可以通过与患病动物直接接触而感染发病。猪场主要通过种猪、尤其是种母猪的带虫而使整个猪场感染发病。

（二）诊断要点

【流行特点】猪疥螨病多发于阴湿寒冷的秋、冬季节。在夏季，天气干燥，空气流通，阳光充足，病势即随之减轻。幼龄动物较成年动物易感，且病情严重。猪疥螨是一种永久性寄生螨类，寄生于猪的皮肤表皮层内，可引起皮肤剧烈瘙痒、结痂、增厚、脱毛等。猪的感染主要通过猪只间直接接触，或与脱落带虫的皮屑接触而感染。

【临床症状】猪疥螨感染后，通常起始于头部的眼圈、颊部和耳朵等部位，以后蔓延到背部、躯干两侧及四肢（图7-5，图7-6，图7-7）。患部发痒，猪常以肢瘙痒或就墙角、栏柱等处摩擦。数日后，患部皮肤上出现针头大小的结节，随后形成水泡或脓疮。当水泡及脓疮破溃后，结成痂皮。病情严重时体毛脱落，皮肤的角化程度增强，干枯，食欲减退，生长停滞，逐渐消瘦，甚至死亡。

图7-5　仔猪面部及耳朵疥螨感染结痂

【实验室诊断】从患部刮取皮屑，要选择在患病皮肤与健康皮肤交界处，而且要刮到将要出血为止。将刮下的皮屑放在载玻片上，滴加数滴50%甘油水或液体石蜡，用牙签调匀，加盖玻片用低倍镜检查。如发现虫卵、幼虫、成虫均可作出诊断（图7-8）。此法简单易行，检出率高。

（三）防控措施

【预防】保持猪舍的透光、干燥和通风。在可能的条件下，猪舍及用具用10%~20%石灰乳（每平方米用2升）进行消毒。购买猪只时，要经过仔细检查，确定无螨病后再混入猪群。对已

图 7 - 6　仔猪耳蜗内及肘部疥螨感染

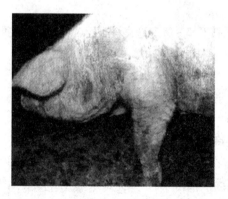

图 7 - 7　猪疥螨感染处皮肤变厚，皲裂

经确诊的患畜，应及时隔离治疗。

【治疗】伊维菌素、阿维菌素、溴氰菊酯、双甲脒、蝇毒磷、敌百虫、倍硫磷、烟草等均有杀螨之效，用药方法有涂擦、喷洒和注射等。

1. 涂药疗法

小面积发病可选用拟除虫菊酯类或有机磷类药物。涂药前患部剪毛，除去痂皮、污物，用温肥皂水或 2% 来苏儿清洗，干后涂药。因多数药物不能杀灭虫卵，故应治疗 2～3 次，每次间隔 5～7 天。同时要将清除的痂皮、污物收集焚烧。

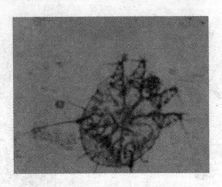

图 7 – 8　猪疥螨的显微镜下形态

2. 注射疗法

伊维菌素按 0. 2 ~ 0. 3 毫克/千克体重，皮下注射。病情严重者间隔 10 天再重复用药 1 次。

三、猪蛔虫病

（一）发病原因

猪蛔虫卵在自然界发育到感染阶段后，污染饲料和饮水，猪吞食后即感染猪蛔虫。现在圈养及集约化养殖场猪蛔虫感染主要是通过母猪排出虫卵，虫卵发育到感染性阶段后污染圈舍，小猪在圈舍活动过程中误食而感染。

（二）诊断要点

【流行特点】蛔虫病在饲养管理不良和环境卫生条件差的猪场发病率较高。3 ~ 5 月龄的仔猪最容易大量感染蛔虫，感染后症状也较为严重，并常发生死亡。

造成仔猪蛔虫病流行的原因除了蛔虫生活史简单外，还包括蛔虫繁殖力强和虫卵对外界环境有较强的抵抗力这两个因素。寄生在猪小肠中的每条雌虫平均每天产卵量可达 10 万 ~ 20 万个，旺盛期可达 100 万 ~ 200 万个；虫卵卵壳厚，表面有一层凸凹不平的蛋白膜，对外界环境具有很强的抵抗力，由于胚胎发育的过程是在卵壳内进行的，其幼虫受到卵壳的保护，因此虫卵能够在外界长期存活（长达3～5年），大大增加了感染性虫卵在自然界的累积。而且虫卵还具黏性，易借助食粪甲虫、鞋靴等传播；三是猪蛔虫的发育不需要中间宿主，虫卵在外界一定条件下即可发育到感染性虫卵，猪吞食即可感染。

【临床症状】本病无特征临床症状。蛔虫卵在猪肠道内孵出幼虫后先后移行至肝脏、肺脏，最后返回到肠道。感染一定数量后可引起相应的肝炎、肺炎及肠炎症状，少量感染症状不明显。临床上猪蛔虫病的主要症状是生长缓慢，皮毛粗乱，间断性腹泻。大量感染时，由于幼虫移行可导致急性肝炎和肺炎，临床上可表现为体温升高，食欲减退，消化不良，咳嗽等，但是无特征性，极易误诊。成虫感染量大时可引起肠道堵塞，或因驱虫等因素进入胃内而引起呕吐。

【病理剖检变化】大量感染时，幼虫移行至肝脏可导致肝脏形成白色坏死灶而呈现乳斑肝（图7－9）、移行至肺部可导致肺泡破裂；成虫在肠道聚集，堵塞肠管（图7－10），或钻入胆管堵塞胆道。

图7－9　蛔虫幼虫移行形成的乳斑肝

图 7 - 10   蛔虫聚集堵塞肠管

【**实验室诊断**】对两个月以上的仔猪的生前诊断，可采用漂浮法检查粪便中的虫卵。刚随粪便排出的虫卵有受精卵和未受精卵之分，受精卵为短椭圆形，卵壳厚，表面凸凹不平，卵内为一圆形卵细胞，卵细胞和卵壳之间的两端有新月形的空隙；而未受精卵较狭长卵壳薄，内容物为油滴状的卵黄颗粒和空泡（图 7 - 11）。

由于猪感染蛔虫相当普遍，1 克粪便中虫卵数达 1 000 个以上时，方可诊断为蛔虫病。

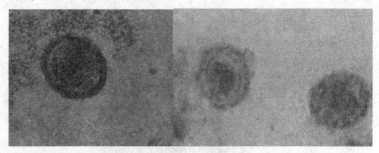

图 7 - 11   猪蛔虫卵

（三）防治措施

【**预防**】本病的预防措施主要是对带虫猪驱虫、及时清除粪便、搞好环境卫生、预防仔猪感染等。

定期驱虫对于预防蛔虫病具有重要作用。散养育肥猪可在 3 月龄和 5 月龄各驱虫 1 次。规模化养猪场，首先要对全群猪进行驱虫；以后公猪每年至少驱虫 2 次；后备猪在配种前驱虫 1 次；母猪在产前 1～2 周驱虫 1 次；仔猪转圈时驱虫 1 次；新引进的猪须驱虫后再和其他猪混群。

为减少蛔虫卵对环境的污染，应及时清除粪便，并尽量将猪的粪便和垫草在固定地点堆积发酵。同时应保持猪舍及运动场地的清洁卫生；产房和猪舍在进猪前都需进行彻底清洗和消毒；母猪转入产房前要用温肥皂水清洗全身，以免由于粪便污染乳头导致仔猪感染。

【治疗】

（1）丙硫咪唑（阿苯哒唑）　按每千克体重 10 毫克，口服。

（2）硫苯咪唑（芬苯哒唑）　按每千克体重 3 毫克，连用 3 天。

（3）氟苯咪唑　按每千克体重 30 毫克混饲，连用 5 天；或 5 毫克一次口服。

（4）甲苯咪唑　按每千克体重 10～20 毫克，混饲。

（5）左旋咪唑　按每千克体重 10 毫克，喂服或肌注。

（6）伊维菌素　按每千克体重 0.3 毫克，一次皮下注射；预混剂，每天 0.1 毫克，连用 7 天。

四、猪鞭虫病

（一）发病原因

猪鞭虫又称毛尾线虫，虫卵卵壳较厚，在自然界抵抗较强，一定的温度、湿度条件下即可发育成感染性虫卵，污染饲料和饮水，猪食入后即感染。现在圈养及集约化养殖场猪鞭虫感染主要是通过母猪排出虫卵，虫卵发育到感染性阶段后污染圈舍，小猪在猪舍活动过程中误食而感染。猪鞭虫发病原因基本和蛔虫相似，但是由于虫体细小而致病力较差。

（二）诊断要点

【流行特点】猪鞭虫病呈世界性分布，以前在我国各地广泛流行，目前随着养殖模式的变化，该病主要在饲养环境较差的中小型及散养猪场发病率较高。主要危害幼猪，引起腹泻，严重感染可导致死亡。猪鞭虫病流行无季节性，常年可发。猪感染主要经口食入感染性虫卵而致。

【临床症状】轻度感染时，无明显的症状。严重感染时，虫体布满盲肠黏膜，吸血时损伤肠黏膜，故可引起机体食欲不振、贫血、消瘦、顽固性下痢，粪便中常带有血液及脱落的黏膜。此外，本病还容易继发细菌及结肠小袋纤毛虫感染。

【病理剖检变化】鞭虫以头部深入肠黏膜，广泛地引起盲肠和结肠的肠卡他性炎症，有时有出血性炎症（图7-12）。严重时，可见盲肠和结肠黏膜有出血性坏死、水肿和溃疡，并可形成小结节。结节有两种：一种质软有脓，虫体前部埋入其中；另一种在黏膜下，呈圆形包囊状。其他部分的黏膜，也有虫体引起的特征性反应，如血管扩张，淋巴细胞浸润，水肿和过量的黏液。

【实验室诊断】本病的生前诊断可采用直接涂片和饱和食盐水漂浮法，发现特征性的虫卵即可确诊。虫卵呈腰鼓状，棕黄色，两端有卵塞。由于鞭虫产卵极少，故粪便虫卵计数的意义不大。此外，剖检在盲肠上发现病变或虫体也可确诊。

直接涂片法：在清洁的载玻片上滴1~2滴水或1滴甘油与水的等量混合液（加甘油的好处是能使标本清晰，并防止过快蒸发变干），其上加少量粪便，用火柴棍仔细混匀。再用镊子去掉大的草棍和渣子等，之后加盖玻片，置光学显微镜低倍物镜下观察虫卵（虫卵呈特殊的棕黄色腰鼓状）（图7-13）。

饱和食盐水漂浮法：取新鲜粪便2克放在平皿或烧杯中，用

图7-12 猪盲肠鞭虫感染

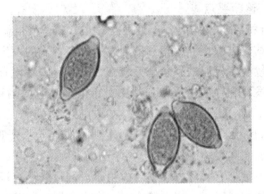

图7-13 猪鞭虫虫卵

镊子或玻璃棒压碎，加入10倍量的饱和盐水，搅拌混合，用粪筛或纱布过滤到平底管中，使管内粪汁平于管口并稍隆起为好，但不要溢出。静置30分钟左右，用盖片蘸取后，放于载片上，镜下观察；或用载片蘸取液面后翻转，加盖片后镜检；也可用特制的铁丝圈进行蘸取检查。

（三）防治措施

【预防】羟嘧啶为驱除鞭虫的特效药，可按每千克体重2毫克拌料或口服。大部分驱虫药对猪鞭虫的效果不如对猪蛔虫的效果好。预防可参见猪蛔虫病。

【治疗】参见猪蛔虫病。

五、猪结节虫病

(一) 发病原因

猪结节虫（又称食道口线虫）虫卵排除体外后，在适合的条件下经两次蜕皮发育成感染性三期幼虫，感染性幼虫污染水、饲料等被猪误食而感染。因此，散养、圈舍条件差的猪场感染发病率高。

(二) 诊断要点

【流行特点】本病南方常年可发，北方冬季受低温影响发病率低。集约化方式饲养的猪和散养的猪都有本病的发生，成年猪被寄生的较多。潮湿的猪舍感染较多，因潮湿的环境有利于虫卵和幼虫的发育和存活。虫卵和幼虫对干燥和高温的耐受性较差，60℃下，虫卵可迅速死亡。感染性幼虫可以越冬。

【临床症状】轻度感染时，不表现临床症状；严重感染时，才发生结节性肠炎。患猪表现食欲减退、贫血、消瘦、腹痛、腹泻，粪便中常带有脱落的黏膜。成虫阶段的致病性较轻微，但会影响增重和饲料转化。严重感染时，由于虫体对肠壁的机械损伤和毒性物质作用，可引起渐进性贫血和虚弱，甚至导致死亡。

【病理剖检变化】幼虫对大肠壁的机械刺激和毒性物质的作用，可使肠壁上形成粟粒状的结节（图7-14）。如结节在浆膜面破裂，可引起腹膜炎；在黏膜面破裂则可形成溃疡，引起顽固性肠炎，继发细菌感染时可导致弥漫性大肠炎。

【实验室诊断】采用饱和盐水漂浮法检查粪便中的虫卵或培养粪便检查幼虫即可确诊。虫卵呈椭圆形，卵壳薄，内有胚细胞，但易与红色猪圆线虫卵相混淆，若采用粪便培养至第3期幼虫即可鉴别。食道口线虫幼虫短而粗（0.6毫米），尾鞘长；而

图7-14　猪结节虫感染所致小肠呈现的粟粒状结节

红色猪圆线虫幼虫长而细（0.8毫米），尾鞘短。

（三）防控措施

预防和治疗措施参见猪蛔虫病。

六、肺线虫病

（一）发病原因

猪肺线虫发育需要中间宿主蚯蚓，蚯蚓对猪肺线虫具有保护作用，可使其免受外界理化因素的影响，同时蚯蚓在阴暗、潮湿、肥沃的环境活动规律也利于猪采食到，因此散养猪场及饲养环境差、添加旱地青绿饲料的猪场多发，规模化猪场主要是运动场消毒不严，蚯蚓出没而引起感染。猪食入后，幼虫通过系列途径移行至猪肺部而引发相关疾病。

（二）诊断要点

【流行特点】猪肺线虫病原之一——野猪后圆线虫在我国流行广泛，23个省市都有报道。造成本病流行的主要因素是：虫卵和第1期幼虫对外界环境抵抗力强；可以作为中间宿主的蚯蚓种类多、感染率高；感染性幼虫在外界或蚯蚓体内可长期保持感染性。猪的发病季节与蚯蚓的活动季节相一致，即多在夏秋季节。

【临床症状】轻度感染时症状不明显，但影响生长发育。严重感染时，表现强有力的阵咳，呼吸困难，特别在运动、采食或遇冷空气刺激时更加剧烈。病猪表现食欲减退、发育不良、贫血、消瘦、被毛干燥无光，鼻孔流出脓性分泌物，肺部有啰音。即使病愈，生长仍缓慢。

【病理剖检变化】肉眼病变常不显著。膈叶腹面边缘有楔状肺气肿区，支气管增厚、扩张，靠近气肿区有坚实的灰色小结。将病灶处的肺切开后，从支气管内流出白色丝状虫体和黏液（图7-15）。

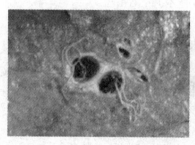

图7-15 猪肺部肺丝虫寄生状态

【实验室诊断】对怀疑为本病的猪，可用饱和硫酸镁或硫代硫酸钠溶液浮集法（因虫卵比重较大）检查粪便，主要检查含黏液部分。剖检时，剪开并挤压膈叶后缘，发现成虫即可确诊。

临床上本病应与仔猪肺炎，流感及气喘病相区别，一般仔猪肺炎和流感发病急剧，高热，频咳，呼吸促迫，而本病较缓慢，阵咳显著，严重者才表现呼吸困难，食欲和体温基本正常。

（三）防治措施

【预防】预防可综合以下措施进行：猪舍、运动场应保持干燥；猪舍铺设水泥地面，防止猪拱土食入蚯蚓；及时清除粪便并堆积发酵；对放牧猪在夏秋季用抗线虫药定期驱虫具有较好的预防效果。

【治疗】治疗可选择以下药物：

（1）左咪唑：按10毫克/千克体重喂服或肌注。

（2）甲苯咪唑：按10～20毫克/千克体重，混在饲料中喂服。

（3）氟苯咪唑：按30毫克/千克体重混饲，连用5天或5克一次口服。

（4）芬苯哒唑：按3毫克/千克体重，连用3天。

七、猪球虫病

（一）发病原因

猪球虫病是由球虫寄生于猪肠道上皮细胞而引起的寄生虫病。本病主要危害仔猪，导致仔猪下痢和增重下降，成年猪常为隐性感染者或带虫者。猪球虫卵囊随粪便排出后，在一定的条件下孢子化后具备感染性，感染性卵囊污染饲料、饮水及环境，猪只在采食、饮水及活动中误食而感染。猪吞食感染性卵囊（孢子化卵囊）后，子孢子逃逸出来，侵入肠上皮细胞，进行裂殖生殖及配子生殖，破坏肠道上皮细胞而引起肠炎等症状，症状的出现以及轻重与感染量相关。

（二）诊断要点

【流行特点】由于球虫在体外发育受到温度湿度影响最大，因此主要在夏季等温暖潮湿的梅雨季节。临床上主要侵害仔猪，仔猪因食入被感染性卵囊污染了的饲料与饮水而感染，感染后是否发病取决于摄入的卵囊的数量和虫种。各种品种的猪均有易感性，5月龄以内的猪感染率较高，发病明显，6个月以上的猪很少感染。成年猪为带虫者，是本病的传染源。猪等孢球虫主要危害2周龄内初生仔猪。多发于7～10日龄哺乳仔猪，1～2日龄仔猪感染时症状最为严重，并可伴有病毒和细菌的感染。

饲养管理不善，圈舍建立在地势偏低，潮湿的地方；圈舍卫生条件差，仔猪群过于拥挤时多发本病。

【临床症状】猪等孢球虫的感染以水样或脂样腹泻为特征。病猪主要表现为采食减少，下痢，仔猪拉黄色或白色黏性粪便，后为水样稀粪，恶臭，腹泻可持续4~8天。病仔猪厌食，精神极差，脱水，消瘦，生长发育迟缓。但仔猪球虫病通常无血便。下痢特别严重时，可能引起死亡，死亡率可达10%~50%。

艾美耳球虫感染通常无明显的临床症状，可发现于1~3月龄腹泻的仔猪。在弱猪中可持续7~10天。表现为食欲不振、腹泻，或便秘与腹泻交替。病猪一般均能自行耐过，逐渐恢复。

【病理剖检变化】剖检主要见肠道黏膜点状出血，急性发病时期黏膜肿胀，随着病情发展表现黏膜坏死脱落而使肠壁变薄（图7-16）。

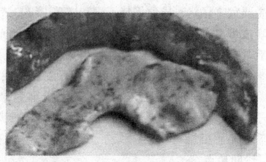

图7-16　猪球虫感染肠黏膜出血

【实验室诊断】7~10日龄仔猪出现腹泻，抗生素治疗无效，这是仔猪等孢球虫病的特征。根据流行病学，临床症状，结合漂浮法检出粪便中的卵囊（图7-17），或小肠涂片发现发育阶段（裂殖子、裂殖体等）的球虫虫体即可确诊。

（三）防治措施

【预防】经常打扫猪圈、运动场，保持圈舍干燥通风。将猪粪和垫草运往贮粪地点进行消毒处理。将猪按年龄分群饲养。对

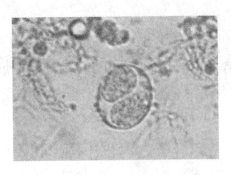

图 7 - 17　猪等孢球虫感染性虫卵

各种用具定期进行消毒，用 2% 克辽林溶液喷洒圈舍墙壁和地面。新生仔猪应母乳喂养，哺乳母猪乳房要经常擦洗。

【治疗】发现感染球虫病的猪立即隔离治疗，可用百球清，按 20 ~ 30 毫克/千克体重一次口服，另外可配合维生素和健胃药治疗。母猪产前 2 周及整个哺乳期在饲料中按 250 毫克/千克的量添加氨丙啉可预防等孢球虫。

第八章 猪的常见内科病

一、消化不良

（一）发病原因

哺乳仔猪消化不良的原因主要是母猪在怀孕期间营养不良，导致仔猪出生后体质虚弱，从而易患消化不良；或者母猪奶水浓稠、营养丰富导致仔猪消化不良；或猪舍保温不良，卫生条件差导致仔猪消化不良。其他采食饲料猪只主要是饲料原料品质低下，配方不科学，或者猪只因突然更换饲料、强烈应激也可导致消化不良。

（二）诊断要点

【流行特点】本病无流行性。猪消化不良主要在散养地区常见，现在规模化猪场由于基础日粮配方科学，或者添加了帮助消化的酶制剂，因此少见消化不良。

【临床症状】哺乳仔猪表现为食欲减退，精神委靡，拉黄色稀粪。其他猪只体温一般无变化，表现为喜欢饮水，腹痛，甚至呕吐，拉灰色黏性或水样粪便，粪便多含有气泡，或拉干结粪球，粪便中含有未消化的饲料颗粒。

【病理剖检变化】哺乳仔猪见胃内含有乳凝块，小肠内充满黄色浆状液体。其他日龄肠道充满灰黄色食糜。

（三）防治措施

【预防】加强母猪孕期管理防止哺乳仔猪消化不良；饲喂全价饲料，添加酶制剂或微生态制剂（如乳酶生）辅助消化。减少应激，长途贩运的猪只以及断奶仔猪应该逐量增加饲喂量，同时口服电解多维或微生态制剂。避免突然更换基础日粮或大量添加某些添加剂，如需调整则应遵循逐渐过渡的原理。

【治疗】哺乳仔猪可禁乳 5 小时左右，注意保温，灌服乳酶生或胃蛋白酶，或者灌服人工胃液（胃蛋白酶 10 克，稀盐酸 5 毫升，蒸馏水 1 000 毫升），每天根据猪只大小灌服 10 ~ 30 毫升。

或者使用中药添加剂如加味参术散：醋香附 45 克，山楂、麦芽、神曲、白术、陈皮各 30 克，青皮、党参、山药、茯苓、薏苡仁、砂仁各 25 克，莪术、枳实各 20 克，桃仁、炙甘草各 10 克。共研细末，每头仔猪每次 3 克，加开水调匀，候温灌服，每日 2 次，连服 3 ~ 4 次即愈。

二、便　秘

（一）发病原因

饲养管理失宜是发病的根本原因，如长期饲喂干燥谷物、糠麸、不易消化的含粗纤维多的劣质饲料；饲料中混有泥沙等异物或突然更换不易消化的饲料等；饮水不足、缺乏运动等均可引起便秘发生。继发性肠便秘多见于一些高热性疾病，如猪瘟、猪传染性胸膜肺炎、猪蓝耳病等。

（二）诊断要点

【流行特点】本病多发于母猪，尤其见于母猪怀孕后期，此外猪发生热性疾病者、饲料配方中粗纤维含量高者也常见。

【临床症状】病初食欲减退，渴欲增加，偶尔见有腹胀、不安现象。明显症状是：起卧不安，有时呻吟，屡做排粪姿势，初期排出干小的粪球，被覆黏液或带有血丝，以后则食欲废绝，精神沉郁，排粪停止，肠音减弱或消失，伴有肠臌气时，可听到金属性肠音。触诊腹部，小型或瘦弱的病猪可摸到肠内干硬的粪球，多呈串珠状排列。原发性的，一般体温正常。十二指肠便秘时，偶有呕吐或黄疸表现。结肠便秘粪块压迫膀胱，会伴发尿闭症状。后期肠壁坏死，可继发局限性或弥漫性腹膜炎的症状。

【病理剖检变化】病猪剖检可见结肠段形成"串珠"样，剖开肠道为干结球状粪便。

（三）防治措施

【预防】科学饲养管理，青饲料、粗饲料、精饲料要合理搭配，含粗纤维多难以消化的饲料，要软化或煮烂，有异嗜癖的猪要及时治疗防止采食泥沙、煤块等异物，给予充足饮水，适当运动。

【治疗】病初宜停食1天，多次用温肥皂水灌肠，而后行腹部按摩，以软化结粪，促进排出。腹疼症状明显者，应先用溴化钠5~10克内服。对病初体况较好的猪用泻剂疏通肠道，植物油或石蜡油50~100毫升内服；或蜂蜜20~50克加水内服。同时，可补糖输液。在药物治疗无效时，应及时做剖腹术，施行肠管切开术或肠管切除术。

三、感　冒

（一）发病原因

猪感冒的原因主要是气温骤变，例如在气温较低情况下，猪舍保温不良，通风时窗户对开导致强烈对流，或因为贼风偷袭，或夏天冲洗圈舍、滴水降温等，导致猪受凉而感冒。

（二）诊断要点

【流行特点】猪感冒发病多见于气温骤变的时候，多散发，同一窝猪也可能个别发病，无流行性，猪场中多为靠近门窗，或墙体有缝隙的猪多发。因此，本病常常发生在硬件条件差，管理不善的中小型猪场。

【临床症状】多数猪感冒后两耳冰凉，个别体温升高者可达40℃；食欲减退；流鼻涕，鼻液先稀薄后转为浓稠；打喷嚏，时而咳嗽，呼吸频率增加；精神较差，畏寒扎堆，不愿行走。无典型的病理变化。

（三）防治措施

【预防】

1. 加强保温

加强猪舍温度管理，保持猪舍温度相对稳定，防止冷热刺激导致猪感冒。一般而言，出生 1～3 日龄仔猪适宜温度为 30～32℃，4～7 日龄为 28～30℃，15～30 日龄为 22～28℃，产房温度 21℃左右，保育舍温度为 28℃左右比较适合猪生长发育。

2. 加强管理

冷天及时关闭门窗，注意墙体及门窗缝隙，防止贼风偷袭。及时清除粪尿，清扫圈舍墙体及屋顶，减少圈舍有害气体及灰尘刺激呼吸道。同时定期消毒以消灭环境中病原微生物。

3. 加强保健

尤其在气候骤变情况时添加电解质、维生素，甚至做抗菌素、中药等保健。

【治疗】早期可使用柴胡注射液 0.3～0.35 毫升/千克，30% 安乃近注射液或复方氨基比林注射液 0.1～0.12 毫升/千克，混匀后一次性腹腔注射，2 次/天，连续 1～2 天；中期可配合维生素 C 注射液 0.07～0.1 毫升/千克，磺胺类或其他抗菌药物。后期严重者可配合饮用糖盐水，电解多维等。

四、仔猪低血糖症

（一）发病原因

本病的发生原因较复杂，主要原因有以下几个方面：

（1）饲养管理水平低，母猪在怀孕期营养不良，产后母猪少乳或无乳，或者母猪产后发生子宫炎、乳房炎或其他影响泌乳的疾病，造成母猪少乳或无乳，因仔猪吮乳不足而发病。

（2）仔猪患大肠杆菌病、链球菌病等疫病时，哺乳减少，

·109·

同时消化吸收障碍，进而发生本病。

（3）个别初产母猪不让仔猪吃乳或仔猪多、乳头少，少数仔猪吃不到母乳，加之，受寒冷刺激使仔猪食欲不佳、消化不良，也可引起本病。

（二）诊断要点

根据妊娠母猪饲养管理不良，产后少乳或无乳，发病仔猪的临诊症状，剖检病变，以及用葡萄糖治疗效果显著，可作出诊断。

【流行特点】 仔猪低血糖症多发生于新生 1 周内的仔猪，仔猪因吮乳不足，血糖降低所致，同窝仔猪常 30%～70% 的发病，死亡数占发病总数的 25%，或全窝死亡。母猪健康状态不好者所生仔猪发病高。

【临床症状】 一般在仔猪出生后第 2 天发病。病初精神沉郁，吮乳停止，四肢无力，肌肉震颤，步态不稳，运动失调。颈下、胸腹下及后肢等处浮肿。病猪尖声嚎叫，痉挛抽搐，头向后仰或扭向一侧，四肢僵硬，角弓反张，磨牙虚嚼，口角流涎，瞳孔散大，对光反应消失，感觉机能减退或消失，皮肤苍白，皮温降低，体温低下。后期昏迷不醒，意识丧失，很快死亡。

【病理剖检变化】 肝脏变化特殊，肝呈橘黄色，边缘锐利，质地易脆，稍碰即破，胆囊肿大，肾呈淡土黄色，有小出血点。消化道中少奶。

【实验室诊断】 仔猪血糖正常值为 76～149 毫克/100 毫升。因此可抽取仔猪血液做血糖测定，仔猪血糖都低于 40 毫克/100 毫升，个别仔猪血糖仅达到 9.3 毫克/100 毫升，此时可以确诊。

（三）防治措施

【预防】 对怀孕母猪加强饲养管理，保证胎儿的正常发育，保证产后有充足的乳汁，是预防本病的关键。因此在母猪妊娠期要供给全价的优质饲料；防止感染子宫炎和乳房炎等疾病。产后加强仔猪的护理。

【治疗】腹腔内注射5%的葡萄糖溶液10～15毫升，每隔3～4小时1次，连用3～5次。也可口服10%～25%的葡萄糖溶液，同时要及时解除少奶或无奶原因。若母猪营养不良引起者，要改善饲料；若是母猪感染所致，应及时应用消炎药。

五、霉饲料中毒

（一）发病原因

自然环境中霉菌类很多，常寄生于玉米、大麦、小麦、稻米、棉籽、糠麸及豆类制品中，如果温度（28℃左右）和湿度（80%～100%）适宜，就会大量生长繁殖，有些霉菌在生长繁殖过程中能产生有毒物质，目前已知的霉菌毒素有百种以上，最常见的有黄曲霉毒素、镰刀菌毒素和赤霉菌素，含有这些毒素的饲料被猪采食后可引起中毒，造成大批发病和死亡。

（二）诊断要点

【流行特点】由于霉菌生长喜欢高温高湿，因此本病发生多见于作物（玉米、高粱、大豆、稻谷等）收获期间雨水充沛的年份，或者因饲料保存不当而发霉所致。因此，本病的流行与作物收获期降雨情况有关。

【临诊症状】临床上仔猪和妊娠母猪较为敏感。仔猪呈急性发作，出现中枢神经症状，头向一侧弯曲，数日死亡；大猪病程较长，一般体温正常，初期食欲减退。仔猪的嘴、耳、四肢内侧和腹侧皮肤出现红斑，后期食欲减退或废绝，停食，腹痛，下痢，被毛粗乱，迅速消瘦，生长迟缓等。妊娠母猪常引起流产及死胎，公猪可有包皮炎、阴茎肿胀等。

【病理剖检变化】多见肝脏严重变性、坏死、肿大、色黄、质脆，全身黏膜、皮下、肌肉可见有出血点和出血斑，淋巴结水肿，肾弥漫性出血，胸腹腔积液，胃肠道可见游离血块。急性病例胆囊壁和肠壁往往严重水肿。

【实验室诊断】实验室诊断可作霉菌分离培养鉴定，回归动物试验，或者直接测定霉菌毒素含量。

（三）防治措施

【预防】防止饲料发霉变质，对轻微发霉的饲料必须经过去霉处理后限量饲喂，对发霉严重的饲料，禁止喂猪。

【治疗】目前尚无特效解毒药和疗法。发病时，应立即停止饲喂发霉变质饲料，改喂新鲜饲料，加强饲养管理，同时根据临诊症状，采取相应的支持疗法和对症疗法。

六、仔猪营养性贫血

（一）发病原因

仔猪出生后体内铁的储备量少，乳汁供应的铁也少，因此如果不额外补充就会缺铁。仔猪体内缺乏铁，影响血红蛋白的生成，红细胞的数量减少而发生贫血。母猪及仔猪饲料中缺乏铁、铜，又不能通过土壤来摄取铁源，铁摄入不足，而出现缺铁。另外，蛋白质不足也是仔猪贫血的原因之一。

（二）诊断要点

【流行特点】仔猪营养性贫血多发生于 2～4 周龄哺乳仔猪，多发于秋、冬、早春季节，本病在一些地区有群发性，对猪的生长发育危害很大。

【临床症状】一般在 2 周龄起发病，也有 7～9 天开始出现贫血。表现精神沉郁，离群伏卧，体温不高，食欲减退，营养不良，极度消瘦。最明显症状是可视黏膜苍白，轻度黄染，光照耳壳呈灰白色。呼吸加快，心跳加速。消瘦的仔猪周期性出现下痢与便秘。另一类型的仔猪则不见消瘦，外观上可能较肥胖，且生长发育比较快，3～4 周龄时，可在运动中突然死亡。

【病理剖检变化】皮肤及可视黏膜苍白，肝脏肿大且有脂肪变性，肌肉淡红色，血液稀薄如水，胸腹腔内常有积液，肺常有水肿或炎性病变，肾实质有变性。

【实验室诊断】根据流行病学调查、临诊症状及红细胞数、血红蛋白含量测定，用铁制剂治疗和预防效果明显，可作出诊断，应注意与缺铜、缺钴、缺叶酸引起的贫血区别。

（三）防治措施

【预防】加强妊娠母猪和哺乳母猪的饲养管理，日粮中要富含蛋白质、无机盐（铁、铜）和维生素，以提高母乳抗贫血的能力。妊娠母猪产前2天至产后1个月内，每天补充硫酸亚铁20克，虽然母猪初乳、乳汁及初生仔猪体内铁不增加，但仔猪可通过采食母猪富含铁的粪便而补充铁质。也可在母猪生产前后各1个月内补充水解大豆蛋白螯合铁6~12克，可有效防止仔猪缺铁性贫血的发生。

【治疗】补充铁、铜元素是防治关键。口服铁制剂，如硫酸亚铁、焦磷酸铁、乳酸铁、还原铁等，常用硫酸亚铁2.5克、硫酸铜1克、氯化钴2.5克，常水1升，按0.25毫升/千克体重，每天1次灌服，连用7~14天。也可用粉剂混于细砂中撒布在猪栏内，让仔猪自食。在灌服铁盐时，不可浓度过高或剂量过大，以防铁中毒出现呕吐、腹泻。

注射铁针剂疗法，适用集约化猪场或口服铁剂反应剧烈及吸收障碍的腹泻仔猪，可用葡聚糖铁钴注射液（每毫升含铁50毫克）2毫升深部肌内注射，隔周再次注射1次，舍饲猪栏内放入红土、泥炭土（含铁质）以利仔猪采食，可补充铁质。

七、硒缺乏症

（一）发病原因

土壤中硒含量不足和低硒饲料是硒缺乏症的根本原因。土壤中缺硒或含量少，使植物中硒缺乏或含量不足，长期以这种贫硒的植物用作饲料，便导致猪硒营养缺乏。青绿饲料缺乏、蛋白质、矿物质（钴、锰、碘等）、维生素（E、A、B$_1$、C）缺乏或比例失调，也可引起硒缺乏。特别是维生素 E 的缺乏或不足，通常可成为硒缺乏症的重要因素。硒的颉颃元素是锌、铜、砷、铅、镉、硫酸盐等，可致硒的吸收和利用受到抑制和干扰，引起猪的相对性硒缺乏症。

此外，应激是硒缺乏的诱发因素，如断奶、注射保健、车、船长途运输、驱赶、潮湿恶劣的气候等刺激，可使动物体抵抗力降低，硒、维生素 E 消耗增加。另外，含硫氨基酸、不饱和脂肪酸、某些抗氧化剂及动物体本身的状态也和硒缺乏症有很大关系。

（二）诊断要点

【流行特点】本病发生具有地域性，发生地区多由于土壤中硒含量低或者缺乏，导致农作物及青绿饲料硒缺乏或不足所致；同时养猪过程中饲料配制不合理，猪的饲料单一、营养元素比例不平衡也是重要的发病原因。因此，该病多发生于小型养猪场及硒缺乏地区。

【临床症状】仔猪硒缺乏症主要表现为白肌病（肌营养不良）、营养性肝坏死（肝营养不良、营养性肝病）、桑葚心病。

1. 白肌病

白肌病以运动障碍和循环衰弱为特征。急性病例常缺乏先驱症状而突然呼吸困难、心脏衰竭而死亡。病程稍长者，精神不佳，食欲减退，心跳加快，心律不齐，不愿运动，运步无力。严重时，起立困难，前肢跪下，或腰背拱起，或四肢叉开，肢体弯曲，肌肉震颤。肩部、背腰部肌肉肿胀，偶见采食、咀嚼障碍和呼吸障碍。仔猪常因不能站立而吃不到母乳而饿死。

2. 营养性肝坏死

营养性肝坏死以消化机能障碍、黄疸和皮下水肿为特征。多发于 3~15 周龄猪，死亡率高。急性型常缺乏先兆症状而突然死亡。亚急性者精神沉郁，食欲减退，呕吐，腹泻，粪便带血，腹部和臀部皮下水肿，全身肌肉无力，多在3周内死亡，死前呼吸困难。慢性者，多出现黄疸，腹部膨胀，发育不良，明显消瘦。

3. 桑葚心病

桑葚心病以心脏和血管病变为主，以皮肤出现紫红色斑块和循环衰竭为临床特征。多发于肥育猪（60~90千克），亦可见于仔猪及成年猪，病死率可达90%。常与白肌病、营养性肝坏死并发，急性病例常突然死亡。呈现症状的仔猪，见有精神沉郁，食欲减退，心跳快、节律不齐，呼吸困难，黏膜发绀，下腹部皮肤上出现界限明显的淡红至紫红色斑点。常在驱赶或强迫运动时，发生心力衰竭而死亡。

【病理剖检变化】

1. 白肌病

病变多局限于心肌和骨骼肌。常受损害的骨骼肌为腰、背及股部肌肉群。病变肌肉变性、色淡，似用开水煮过一样，并可出现灰黄色、黄白色的点状、条状、片状的病灶，断面有灰白色斑纹，质地变脆。心肌扩张变弱，心内外膜下有与肌纤维一致的灰白色条纹，心径扩大，外观呈球形。肝脏肿大，有大理石样花纹，色由淡红转为灰黄或土黄色。心包积水，有纤维素沉着。显微镜下，肌纤维有明显的透明变性、凝固性坏死和再生现象。

2. 营养性肝坏死

全身皮下水肿，皮下脂肪或其他部位脂肪呈黄棕色。肝脏肿大，常有纤维蛋白沉着，肝表面粗糙不平，肝脏表面和切面见有灰、黄褐色斑块状坏死灶。

3. 桑葚心病

心肌增大，呈圆球状。由于心肌、动脉及毛细血管受损，沿心肌纤维走向的毛细血管多发性出血，心脏呈紫色，外观似桑葚状。

【实验室诊断】确诊需做病理组织学检查，采取血液和组织器官做硒定量测定和谷胱甘肽过氧化物酶活性测定。

（三）防控措施

【预防】 在缺硒地区应在饲料中补加含硒和维生素 E 的饲料添加剂或尽可能采用硒和维生素 E 较丰富的饲料喂猪，如小麦、麸皮含硒较高，种子的胚乳中含维生素 E 较多。

【治疗】 用 0.1% 的亚硒酸钠注射液，肌内注射，仔猪 1 毫升，在首次注射后，经 5~7 日还应再注射 1 次，效果更加；育成猪、肥猪、母猪一般注射 10~20 毫升。另外，也可用亚硒酸钠维生素 E 添加剂进行治疗。

第九章　猪的常见外科病

一、创　伤

（一）发病原因

创伤是由于外力作用于机体组织或器官，导致皮肤或黏膜的完整性遭到破坏。如果引起骨骼的完整性遭到破坏，还会引起骨折。

（二）诊断要点

创伤往往都有明显的临床症状，可通过临床观察进行诊断。其主要表现可能有：

1. 出血

受伤部位如果血管受损，会引起出血。出血量的多少决定于受伤的部位、血管损伤的状况和血液的凝固性等。血液流出体外（外出血）直接可以看到，血液流入体腔（内出血）往往看不到。

2. 创口裂开

因受伤组织断离和收缩而引起创口裂开。创口裂开易导致感染，影响愈合。

3. 疼痛和机能障碍

感觉神经受到损伤或创伤刺激会引起疼痛。由于疼痛和受伤部的结构破坏，常出现机能障碍。

4. 局部变形

如出现骨折，主要表现为变形，患肢呈弯曲、缩短、伸长等姿势，改变正常的活动姿势。

（三）防治措施

平时应加强管理，防止猪体受到外力伤害。一旦出现创伤要及早治疗。

对新污染创，首先及时止血，可采用压迫、钳夹、结扎等方法止血，必要时可应用全身性止血剂。然后清洁创围，先用灭菌纱布覆盖创面，剪去创围被毛，再用70%的酒精棉球反复擦拭紧靠创缘皮肤，离创缘较远的皮肤，可用肥皂水和消毒液洗刷干净。可用生理盐水，3% 过氧化氢液，0.1% 高锰酸钾溶液，0.1% 新洁尔灭溶液等清洗创面。

对于创内异物，创囊，凹壁等应通过手术进行消除，对于严重污染创伤也应及早施行清创手术。

清洁的新鲜创或清创手术后的创伤，可对创面使用0.25%普鲁卡因青霉素液，1∶9 碘仿磺胺粉等处理。经过上述处理后，如果创面整齐，清创彻底时可进行密闭缝合。

新鲜污染创是否包扎，应根据创伤性质、部位和季节特点而定。较大创口，应包扎。如感染较重，已经化脓，一般不包扎。

如果发生骨折，依据骨折损伤程度及猪的价值，决定是否治疗。必要时可采取外固定治疗。

二、脓 肿

（一）发病原因

猪体内任何组织或器官内出现脓汁积聚，周围有完整的脓肿膜包裹者称脓肿。主要原因是皮肤、黏膜损伤后，被化脓菌感染所致。脓肿致病菌主要是葡萄球菌，其次是化脓性链球菌、绿脓杆菌、链链菌、大肠杆菌等。它们由经皮肤或黏膜的伤口进入机体引起脓肿，也可从远处的原发感染灶经血液、淋巴转移而来。此外，注射时不遵守无菌操作规程或误注、漏注于组织内的强刺激药物（氯化钙等）也可引起局部脓肿。

（二）诊断要点

主要通过临床观察进行诊断。由于猪的皮下脂肪较多，脓肿在组织中的部位不同，临诊症状差异很大。浅在性脓肿常发生于皮下结缔组织、筋膜下及表层肌肉组织内。初期局部肿胀界面不明显，而稍高于皮肤表面。触诊时局部温度增高、坚实有剧烈的疼痛反应，以后，肿胀界限逐渐清晰，并逐渐软化，出现波动感。脓肿可自行破溃，流出脓汁，但常因皮肤溃口过小，脓汁不易排尽。深部脓肿常发生于深层肌肉及内脏器官，由于有厚层组织覆盖，故初期局部肿胀、热等症状常不明显，但深部脓肿一般都伴有不同程度的全身症状。

（三）防治措施

平时加强管理，防止猪体皮肤受伤。一旦发现脓肿，可按下列程序治疗：脓肿初期，应消炎、止痛、促进炎性产物吸收，在炎症初期，可应用冷敷法、涂布醋调制的复方醋酸铅、盐酸普鲁卡因青霉素、病灶周围封闭等。炎症渗出停止后，可用温热疗法或其他物理疗法或局部用5%碘酊、樟脑软膏涂擦以促进炎性产物的消散。当局部炎症产物已无吸收消散的可能时，应促进脓肿成熟，局部用鱼石脂软膏、鱼石脂樟脑软膏涂擦。当脓肿成熟后立即手术切开排脓，排出脓汁，再用3%双氧水、温生理盐水冲洗，以后按化脓创处理。有全身症状者，应配合全身疗法，如使用抗生素等。

三、直肠脱

（一）发病原因

直肠脱俗称脱肛，是直肠的一部分或大部分经肛门向外翻转脱出，而不能自行缩回的一种疾病。仅直肠黏膜脱出，称之脱肛。如直肠后段的全层肠壁均脱出，称作直肠脱。主要病因是直肠发育不全，直肠和周围组织联系、直肠黏膜下层与肌层间的结合以及肛门括约肌松弛等所致。猪只长时间泻痢、慢性便秘、难产，或用刺激性药物灌肠后引起强烈努责，都可诱发直肠脱。另外，营养不良、年老体弱等也可诱发本病。

（二）诊断要点

依据发病史，结合临诊症状检查不难作出诊断。

在病猪卧地后或排便后直肠黏膜脱出，排粪后或站立时可缓慢恢复，多次或反复发作后形成习惯性脱肛，在肛门外可见暗红色球形物。由于脱出部位血液循环障碍、致使黏膜淤血、水肿、发炎、被粪便、泥土污染，时间久则黏膜干裂、坏死。

直肠脱可见直肠呈圆筒状下垂于肛门下方。由于肛门括约肌收缩而加剧了局部循环障碍，使脱出的直肠黏膜高度水肿，很容易发生损伤、感染和坏死。有时可出现明显的全身症状，体温升高，精神沉郁，食欲减退。如不及时处理，可造成直肠破裂或败血症死亡。当伴有肠套叠时，脱出的肠管向上弯曲，坚硬而厚。

（三）防治措施

直肠脱的治疗原则是清洗还纳、防止再脱。继发性直肠脱应积极治疗原发的便秘、腹泻、下痢等疾病，消除引起努责的原因。

整复是治疗直肠脱的首要任务。应早发现早整复，先用0.1%～0.2%的温高锰酸钾水或1%的明矾溶液清洗患部，除去污物及坏死黏膜，将猪处于后高前低的状态，用手将肠管依次还纳原位，如果脱出时间较长，水肿严重，黏膜干裂时，用温水洗净后，用手术刀除去坏死水肿的黏膜，再还纳肠管，同时术者手随之伸入肛门使直肠完全恢复。整复后仍继续脱出者，考虑将肛门口做荷包缝合，中间留小排粪孔，7～10天后拆线。

整复后可用2%的普鲁卡因后海穴注射，减轻直肠努责。在整复后一周内，给易消化的饲料，以流质食物为主，防止出现便秘。

同时配合应用抗生素，消除炎症。

四、脐 疝

（一）发病原因

脐疝是腹腔器官通过闭合不全的脐孔进入皮下的现象，常见于仔猪，脏器多为小肠或网膜。一般先天性原因为主，多见于初生后数天或数周。病因是脐孔闭合不全、腹壁发育缺陷、脐部化脓、脐静脉炎、断脐不正确、腹压大等。

（二）诊断要点

依据临诊症状，不难作出诊断。

猪的脐疝可分为可复性疝和嵌闭性疝。可复性疝，脐部出现局限性球形肿胀，肿胀缺乏红、热、疼的炎性特征，质地柔软，囊状物大小不一，小的如核桃大，大的可下垂至地面，病初多数能在改变体位时将疝的内容物还纳回腹腔。仔猪在饱腹或挣扎时，脐部肿得更大。听诊疝囊时可有肠蠕动音。如果肠管与疝囊或皮肤发生粘连时，伴有全身症状称为嵌闭性疝，肠管不能自行回复，病猪表现不安、腹痛、食欲废绝、呕吐，后期排粪停止，疝囊较硬，有热痛感，若不及时治疗，可造成肠管局限性坏死。

（三）防治措施

对于疝轮较小的小仔猪，可采取保守疗法，可用压迫绷带或在疝轮四周分点注射95%酒精或10%～15%氯化钠，每点1～5毫升，以促进局部发炎增生而闭合疝孔。最好的疗法是手术根治疗法。术前停食1天，局部剪毛消毒，仰卧保定，局部麻醉；无菌操作，纵形把皮肤提起切开，公猪避开阴茎，不要切开腹膜，把疝内脱出物还纳入腹腔，用纽扣状缝合疝轮，结节缝合皮肤，撒布消炎药，加强护理1周，7～10天拆线。

在手术中，若发现肠管、腹膜、脐轮、皮肤等发生粘连，要仔细剥离。若肠管已坏死，可切除坏死部分肠管，若疝脐孔过大，必要时可行修补术。

术后应加强护理，不宜喂的过饱，应限制剧烈活动，防止腹压过高，术后可用绷带包扎，防止伤口感染。

五、腹股沟阴囊疝

（一）发病原因

腹股沟管位于腹壁内靠近耻骨部，是由腹内斜肌和腹外斜肌构成的一漏斗状裂隙，腹股沟管朝向腹腔面有一椭圆形腹股沟内环，而朝向阴囊面有一裂隙状的腹股沟外环。肠管通过腹股沟管进入腹股沟内或进入阴囊的疾病称为腹股沟阴囊疝。

腹股沟阴囊疝可分为先天性和后天性 2 种。一般是先天性的。主要原因是腹股沟管内环过大，肠管通过大的内环进入腹股沟管至阴囊。

（二）诊断要点

根据临诊症状和对阴囊的检查不难作出诊断。

发生腹股沟阴囊疝时，阴囊皮肤皱褶展平，紧张发亮，触之柔软有弹性，多数无热、无痛，有发硬、紧张、敏感，听诊时可听到肠蠕动音。小猪提起后肢，可使疝内容物还纳到腹腔而整复。但放下后肢或腹压增大疝囊又增大。如果发生嵌闭性阴囊疝，病猪全身症状明显，出现剧烈的腹痛、呕吐、不愿运动，行走时两后肢分开，阴囊皮肤紧张、浮肿，阴囊皮肤发凉，此时多数肠管与阴囊壁有粘连。严重者肠管、阴囊壁、睾丸坏死。

（三）防治措施

可复性腹股沟阴囊疝，多数为先天所致，随着年龄的增长，大部分可自愈；疝孔过大或嵌闭性阴囊疝，宜尽早手术治疗。

手术前将患猪倒立保定或仰卧保定，术部剪毛、消毒，局部麻醉，从腹股沟的前方连合处开始沿精索切开皮肤和筋膜，而后将总鞘膜剥离出来，用手将鞘膜腔的肠管送回腹腔，从鞘膜囊的顶端沿纵轴捻转，在靠腹股沟环处将精索结扎。若有粘连现象，宜小心剥离，以防剥破肠管，剥离后将其还纳腹腔，在确定内容物全部还纳腹腔后，在总鞘膜和精素上打一双重结，然后切断，撒布消炎药，缝合皮肤，外涂碘酊。对于未去势的公猪，可同时摘除睾丸。

术后加强护理，不宜饲喂过饱，适当减少运动，防止腹压过高，防止手术感染。

六、风湿病

（一）发病原因

风湿病中兽医称痹症，是一种常有反复发作的急性或慢性非化脓性炎症。

本病的病因和发病机制迄今尚未完全阐明，现有几种说法：一般认为风湿病是一种变态反应性疾病，且与溶血性链球菌感染有关；也有人认为病因是一种滤过性病毒，也不否认链球菌的作用。广大兽医工作者实践中体会到寒冷、潮湿等因素在风湿病的发生上起着重要作用。

（二）诊断要点

依据病史、临诊症状可作出诊断，必要时可内服水杨酸钠、碳酸氢钠、运步检查，如跛行明显减轻即可确诊。

风湿病的主要表现是发病的肌群、关节及蹄部的疼痛和机能障碍。疼痛表现时轻时重，可随病畜运动而减轻，随环境的温度升高而有所减轻，并具有季节性、反复性、游走性特点。

猪患肌肉风湿时，经常躺卧，不愿起立，运动时步态强拘，不灵活，触诊和压迫患部有疼痛反应。肌肉表面不光滑、发硬、有温热，转为慢性时，患部肌肉萎缩。

当颈部肌肉患风湿病时，病猪出现斜颈或低头症状；腰肌风湿时，表现拱背，腰僵硬，活动不灵活；肩臂风湿时，患肢不敢负重，跛行；四肢肌肉风湿时，跛行，步幅缩短，关节伸展不充分；当多数肌群发生急性风湿时，可有明显的全身症状，精神沉郁，食欲减退，体温升高等。

当患关节风湿病时，常呈对称性表现，急性症状表现关节囊及周围组织水肿，患病关节肿大。有温热和疼痛反应，运步时出现跛行，跛行随运动量的增加而减轻。病猪精神差，体温升高，食欲不振，喜卧，不愿站立与运动。慢性时，关节肿大，活动范围变小，运步出现强拘。

（三）防治措施

风湿病的治疗原则是消除病因、加强护理、祛风除湿、解热镇痛、消除炎症。

1. 解热、镇痛及抗风湿

1%水杨酸钠注射液50毫升静脉注射，每天1次，连用5~7天为一疗程，或用安其康宁注射液、撒乌安注射液等，也可内服水杨酸钠5~10克或口服阿斯匹林3~10克、或口服保泰松、安乃近、布洛芬、消炎痛、消炎净等，都有较好作用。皮质激素类药：醋酸可的松注射液、氢化可的松注射液、地塞米松、强的松、强的松龙、泼尼松等，都能够改善风湿病的症状，但易复发。

2. 局部治疗

可采用涂擦刺激剂、温热疗法、电疗法及针灸疗法。局部刺激剂可涂擦樟脑酒、水杨酸甲酯软膏等。热敷可采用酒精或白酒加温（40℃左右），或用麸皮与醋按4∶3的比例混合炒热装于布袋内进行局部热敷。针灸疗法可根据病情选用白针、水针、火针、电针，并根据病情选择穴位，每日或隔日1次，4~6次为一疗程。有条件者可用电疗法及频谱治疗仪。

第十章　猪的常见产科病

一、流　产

（一）发病原因

流产是指正常的妊娠发生中断，产出未成熟的死胎或未足月（早产）活胎或排出木乃伊胎儿等。

猪流产的病因非常复杂，至今尚未彻底解决。大致分为传染性流产和非传染性流产。

1. 传染性流产

一些传染病和寄生虫病可引起流产。如猪的伪狂犬病、细小病毒病、乙型脑炎、猪繁殖与呼吸综合征、猪瘟、布鲁氏杆菌病、弓形体病、钩端螺旋体病等均可引起猪流产。

2. 非传染性流产

营养缺乏、饲喂霉败变质饲料、外力碰撞、中毒、长途运输、用药不当等因素均可引起流产。

（二）诊断要点

根据临诊症状，可以作出诊断，但要查明原因，需进行病史调查、实验室诊断。

由于流产时妊娠时间不同、病因及母猪的反应能力不同，其临诊症状也不完全一致。

流产发生在妊娠早期，由于胚胎尚小，骨骼还未形成，所以胚胎被子宫吸收，而不排出体外，妊娠中断而无明显临诊症状，俗称"化胎"。从外表看猪在交配后一个发情期未见发情，表现怀孕，但过些时间又再发情，且由阴门流出多量的分泌物，一般是发生了隐性流产。

有时猪的流产为部分性流产。母猪在妊娠期间,一窝胎猪中仅有少数几头发生死亡,但不影响其余胎猪的生长发育,死胎不立即排出体外。死亡的胎猪由于水分逐渐被母体吸收,胎体紧缩,颜色变为棕褐色,极似干尸称木乃伊胎。待正常分娩时,随同成熟的仔猪一起产出。

妊娠母猪所产胎儿如果大部或全部流产死亡,母猪很快出现分娩症状,母猪兴奋不安,乳房肿大充奶,阴门红肿,从阴门流出污褐色分泌物,母猪频频努责,排出死胎或弱仔。

母猪在流产过程中,如果子宫口开张,腐败细菌便可侵入,使子宫内未排出的死亡胎儿发生腐败分解,于是从阴门不断流出污秽、恶臭分泌物和组织碎片,这时母猪全身症状加剧,如不及时治疗,可因败血症而死亡。

(三) 防治措施

【预防】对怀孕母猪加强饲养管理,要喂营养丰富,容易消化的饲料,严禁喂冰冻、霉变及有毒饲料,防止饥饿、过食,防止对怀孕母猪的挤压、碰撞,做好冬季防寒和夏季防暑工作。对引起繁殖障碍的传染病,要搞好预防接种,定期检疫和消毒。凡遇疾病谨慎用药,以防流产。

【治疗】当对流产胎儿排出受阻时,应实施助产。对于先兆性流产,胎儿仍然活着者,可肌内注射孕酮10~30毫克,隔日1次,连用2~3次,尽力保胎。对于流产后子宫排出污秽分泌物时,可用0.1%高锰酸钾等消毒液冲洗子宫,然后注入抗生素,进行全身治疗。对于继发传染病而引起的流产,应治疗原发病。

二、难 产

（一）发病原因

在分娩过程中，胎儿不能正常排出，分娩过程受阻，造成难产。难产的发生取决于产力、产道及胎儿 3 个因素中的一个或多个。常见于初产母猪、老龄母猪。

引起母猪难产的因素很多，常因饲养管理和繁殖管理不当，母猪过肥及过早交配等原因造成。难产原因大致可分为：分娩力弱、产道狭窄、胎儿异常 3 种情况。分娩力弱，常见于母猪体质虚弱、阵缩及努责微弱、努责过强及破水过早。产道性难产，常见有子宫颈狭窄、阴道及阴门狭窄，骨盆变形及狭窄。胎儿性难产，常见于胎儿的姿势、位置、方向异常、胎儿过大、畸形或两个胎儿同时楔入产道等。

（二）诊断要点

根据母猪分娩时的临诊症状，不难作出诊断。

不同原因造成的难产，临床表现不尽相同，主要有在分娩过程中痛苦呻吟，母猪时起时卧，母猪阴户肿大，有黏液流出，时作努责，但不见仔猪产出，乳房膨大而滴奶，有时产出 1～2 头仔猪后，间隔很长时间不能继续排出，也有个别母猪不努责或努责微弱，生不出胎儿，若时间过长，仔猪可能死亡，严重者可致母猪衰竭死亡。

（三）防治措施

【预防】预防母猪难产，应严格选种选配，发育不全的母猪应缓配，同时加强妊娠期间的饲养管理，适当加强运动，注意母猪健康情况，加强临产期管理，发现问题及时处理。

【治疗】发现难产，首先应确定难产的种类，查明原因，可将手伸入产道，检查子宫颈是否开张，骨盆腔是否狭窄，有无骨折、肿瘤，胎儿是否进入盆腔口，胎儿是否过大，以及胎位、胎向、胎姿是否正常。

由于胎儿过大或母猪产道狭窄所致难产多见于初产母猪，可将产道涂少量的润滑剂，用手牵引，缓缓拖出，必要时可行截肢术或剖腹产。

由于子宫收缩无力而致难产，如子宫颈已开，胎儿产出无障碍时，可注射垂体后叶素或催产素 10~30 国际单位。

因胎位、胎势、胎向异常，如横腹位、横背位、倒生以及两个胎儿同时挤入产道等，首先应将胎儿推入腹腔，纠正胎儿的位置，采取正生或倒生。助手牵引两前肢或后肢，慢慢拉出。

助产的注意事项：所用器械必须煮沸消毒，术者应修剪指甲、洗手、消毒并涂润滑油。助产时先将母猪外阴用 0.1% 的高锰酸钾洗净，手伸入产道必须小心触摸，胎儿取出后，应及时擦净胎儿口鼻中黏液，如有假死，应将仔猪后肢提起轻拍或人工呼吸。

难产母猪经过助产尚不能将仔猪全部产出的，可考虑剖腹术。

三、胎衣不下

（一）发病原因

母猪分娩后，胎衣（胎膜）在 1 小时内不排出，称胎衣不下或胎衣滞留。

引起胎衣不下的原因很多，主要与产后子宫收缩无力和胎盘炎症有关。流产、早产、难产之后或子宫内膜炎、胎盘炎时，也可发生胎衣不下。

（二）诊断要点

根据母猪分娩后胎衣的排出情况，不难作出诊断。

胎衣不下有全部不下和部分不下 2 种。猪的胎衣不下多为部分不下，母猪常表现不安，体温升高，食欲减退，泌乳减少，喜喝水，精神不振，卧地不起，不断努责。阴门内流出暗红色带恶臭的液体，内含胎衣碎片，严重者，可引起败血症。

（三）防治措施

【预防】加强母猪的饲养管理，适当运动，增喂钙及维生素丰富的饲料，能有效的预防母猪胎衣不下。

【治疗】加快胎膜排出、控制继发感染。注射脑垂体后叶素或催产素 20～40 国际单位，也可皮下注射已烯雌酚 2～4 毫升。

猪的胎衣剥离比较困难，若子宫颈开放，手能伸入者，可拉出部分胎衣。当胎衣腐败时，可用 0.1% 高锰酸钾溶液冲洗子宫，导出洗涤液后，投入适量抗生素（1 克土霉素加 100 毫升蒸馏水溶解，注入子宫）。钙剂可增强子宫收缩，促进胎衣排出，可用 10% 氯化钙 20 毫升或 10% 的葡萄糖酸钙 50～100 毫升静脉注射。

猪胎衣不下一般预后不良，应引起重视，因泌乳不足，不仅影响仔猪的发育，而且也可引起子宫内膜炎，使以后不易受孕。

四、子宫脱出

（一）发病原因

子宫脱出是指子宫的部分或全部从子宫颈内脱出到阴道或阴门外，多发生于难产及经产母猪，此病常发生于产后数小时以内。怀孕母畜体质虚弱，运动不足，胎水过多，胎儿过大，分娩时产道受到强烈刺激，产后发生强烈努责，腹压增高，在助产时产道干燥，强行拉出胎儿等引发子宫脱。

（二）诊断要点

根据临诊症状，不难作出诊断。

产后不久，母猪表现不安，不时努责，频频甩尾，常做排粪排尿姿势。此时如以手伸入阴道，常可触觉子宫角的部分。病猪卧下时，可见阴道中有拳头大的鲜红色球状物。当子宫完全脱出时，脱出的子宫呈肠管状，表面具有皱襞，病猪努责，子宫全脱出呈倒"丫"状。子宫黏膜色泽初为粉红或红色，后因淤血变为暗红、紫黑色，随着水肿呈肉冻状，且多被粪土污染和摩擦而出血、糜烂、坏死，挤压尿道或堵塞尿道口时，常继发尿闭。

（三）防治措施

【预防】加强饲养管理，喂给全价饲料和适当运动，预防和治疗增加腹压的各种疫病。

【治疗】当母猪子宫脱时，要及时进行整复，并配以药物治疗。在整复时，先铺一层洁净的塑料布，垫在脱出子宫的下面，以减少子宫黏膜磨损污染。当子宫不完全脱出时，术者手臂严格消毒，并涂润滑剂，使母猪前低后高，小心将子宫壁推入，也可同时向子宫腔内注入500毫升温生理盐水，有助于子宫恢复。对于子宫完全脱出者，先将母猪后肢提起，使之取前低后高姿势，并固定两后肢，通常不用麻醉，必要时可用1%的盐酸普鲁卡因20～30毫升，荐部硬膜外麻醉。整复前，若胎衣尚未排完，应先摘除胎衣，清理黏附在黏膜上的污物，用0.1%高锰酸钾溶液清洗，放于垫布上，并检查子宫有无捻转、裂伤。有严重水肿者，可用3%的明矾液洗涤。从子宫角端开始向里整复，在母猪努责间歇时，用力推压，依次内翻，按此方先后将子宫角、子宫体还纳腹腔，在子宫角通过子宫颈口时，要耐心将子宫角隔着子宫壁压进去，其余部分比较容易送回。整复完毕，用粗线缝合阴门2～3针，以防再脱，但要使猪能正常排尿。

五、子宫内膜炎

（一）发病原因

子宫内膜炎是子宫黏膜的黏液性或化脓性炎症，为母猪常见的一种生殖器官疾病。子宫内膜炎发生后，往往发情不正常，或者发情正常，但不易受孕，即使妊娠，也易发生流产，如不及时治疗，炎症易于扩散，引起子宫肌炎、子宫浆膜炎或子宫周围炎，并常转为慢性炎症。

子宫内膜炎多发生于难产、胎衣不下、子宫脱出、子宫复旧不全、产道损伤，细菌感染引起子宫内膜炎。或在配种、人工授精、阴道检查时，消毒不严格，细菌感染等而发生本病。猪体抵抗力降低，条件性病原菌大量繁殖也可发生本病。也可并发、继发某些寄生虫病、传染病（布病、副伤寒）等。

（二）诊断要点

依据病史、临诊症状可作出初步诊断，确诊应采取阴道分泌物进行细菌学检查。

急性子宫内膜炎，多见于产后母猪，全身症状明显，病猪精神沉郁，食欲减退或废绝，体温升高，常卧地，常做排尿动作，从阴门排出多量灰红色或黄白色有臭味的黏液性或脓性分泌物，严重者呈污红色或棕色，卧下时排量较多，常杂有胎衣碎片。母猪常不让仔猪吃乳，若治疗不及时，可继发败血症。慢性子宫内膜炎多由急性炎症转变而来，常无明显全身症状，虽定期发情，但屡配不孕。

（三）防治措施

【预防】猪舍应保持清洁，助产时要严格消毒，人工授精时要认真消毒，在处理难产、胎衣不下时，要用好抗生素，同时加强母猪饲养管理。

【治疗】在炎症急性期首先应清除积留在子宫内的炎性分泌物，选择1%的生理盐水、0.02%新洁尔灭、0.1%高锰酸钾溶液、1%～2%碳酸氢钠溶液等冲洗子宫。冲洗后须将残存的溶液尽量排出，最后可向子宫内注入20万～40万国际单位青霉素或1克金霉素胶囊。全身症状严重者，禁止使用冲洗法。

对于慢性子宫内膜炎的病猪，可用20万～40万国际单位青霉素加100万国际单位链霉素，混于高压灭菌的植物油20毫升中注入子宫内。可使用催产素等子宫收缩剂，有利于子宫内炎性分泌物的排出。向子宫内投药应在产后若干日或在发情时进行，因为这时子宫颈才开张，便于投药，在其他时期投药，易造成子宫损伤。

子宫内膜炎的全身疗法，可用抗生素或磺胺类药物。

六、生产瘫痪

（一）发病原因

生产瘫痪，又称母猪瘫痪，包括产前瘫痪和产后瘫痪，是母猪在产前产后以四肢肌肉松弛、低血钙为特征的疾病。

主要原因是钙磷等营养性障碍。由于胎儿营养的需要或泌乳的需要，母猪对钙磷等营养物需要量增加，此时如果饲料中缺乏钙、磷或钙、磷比例失调，均可发生猪瘫痪。此外，饲养管理不当，产后护理不好，母猪年老体弱，运动缺乏等，也可发病。

（二）诊断要点

根据发病史及临诊症状，可作出诊断。

产前瘫痪，产前怀孕母猪长期卧地，后肢起立困难，检查局部无任何病理变化，知觉反射、食欲、呼吸、体温等均无明显变化，强行起立后步态不稳，并且后躯摇摆，终致不能起立。

产后瘫痪见于产后数小时至 2～5 天内，也有产后 15 天内发病者。主要症状为：病初表现轻度不安，食欲减退，体温正常或偏低，随即发展为精神极度沉郁，食欲废绝，呈昏睡状态，长期卧地不能起立。反射减弱，奶少甚至完全无奶，有时病猪伏卧不让仔猪吃奶。

（三）防治措施

【预防】科学饲养，日粮保持钙、磷比例适当，增加光照，适当增加运动，均有一定的预防作用。

【治疗】尽早实施治疗是提高治愈率的最有效措施。本病的治疗方法是钙疗法和对症疗法。静脉注射 10% 葡萄糖酸钙溶液

200 毫升，有较好的疗效。静脉注射速度宜缓慢，同时注意心脏情况，注射后如效果不见好转，6 小时后可重复注射，但最多不得超过 3 次，因用药过多，可能产生副作用。如已用过 3 次葡萄糖酸钙疗法病情不见好转，可能是钙的剂量不足，也可能是其他疾病。

在治疗的同时，病猪要喂适量的骨粉、蛋壳粉、碳酸钙、鱼粉等。

七、乳房炎

（一）发病原因

母猪的乳房炎是哺乳母猪常见的一种疾病，多发于一个或几个乳腺，临床上以红、肿、热、痛及泌乳减少为特征。

由于母猪腹部松垂，尤其是经产母猪的乳头几乎接近地面，经常与地面摩擦受到损伤，或因仔猪吃奶咬伤乳头，或因母猪圈舍不清洁，由乳头管感染细菌。母猪在分娩前后，喂饲大量发酵和多汁饲料，乳汁分泌旺盛，乳房乳汁积滞也常会引起乳房炎。当母猪患有子宫炎等疾病时，也常继（并）发乳房炎。

（二）诊断要点

根据猪舍的卫生管理情况及临诊症状不难作出诊断。

急性乳房炎患病乳房有不同程度的充血（发红）、肿胀（增大、变硬）、温热和疼痛，乳房上淋巴结肿大，乳汁排出不畅或困难，泌乳减少或停止；乳汁稀薄，含乳凝块或絮状物，有的混有血液或脓汁。严重时，除局部症状外，尚有食欲减退、精神不振、体温升高等全身症状。慢性乳房炎，乳腺患部组织弹性降低，硬结，泌乳量减少，挤出的乳汁变稠并带黄色，有时内含凝乳块。多无明显全身症状，少数病猪体温略高，食欲降低。有时由于结缔组织增生而变硬，致使泌乳能力丧失。

（三）防治措施

【预防】要加强母猪猪舍的卫生管理，保持猪舍清洁，定期消毒。母猪分娩时，尽可能使其侧卧，助产时间要短，防止哺乳仔猪咬伤乳头。

【治疗】全身疗法：抗菌消炎，常用的有青霉素、链霉素、庆大霉素、恩诺沙星、环丙沙星及磺胺类药物，肌内注射，连用3~5天。

局部疗法：轻度乳房炎，用温毛巾热敷，或选用鱼石脂软膏（或鱼石脂鱼肝油）、樟脑软膏、5%~10%碘酊，将乳房洗净擦干后，将药涂擦于乳房患部皮肤。另外，乳头内注入抗生素，效果很好，即将抗生素用少量灭菌蒸馏水稀释后，直接注入乳管。局部也可用普鲁卡因（青霉素50万~100万国际单位，溶于0.25%普鲁卡因20~40毫升）进行乳房基部周围封闭。在用药期间，吃奶的小猪应人工哺乳，一方面减少对母猪刺激，同时使小猪免受奶汁中细菌感染。

附　　录

附录一　《中华人民共和国动物防疫法》

中华人民共和国动物防疫法 1997 年 7 月 3 日第八届全国人民代表大会常务委员会第二十六次会议通过，2007 年 8 月 30 日第十届全国人民代表大会常务委员会第二十九次会议修订。本法自 2008 年 1 月 1 日起施行，包括以下内容：

第一章　总　　则

第二章　动物疫病的预防

第三章　动物疫情的报告、通报和公布

第四章　动物疫病的控制和扑灭

第五章　动物和动物产品的检疫

第六章　动物诊疗

第七章　监督管理

第八章　保障措施

第九章　法律责任

第十章　附　　则

第一章　总　　则

第一条　为了加强对动物防疫活动的管理，预防、控制和扑灭动物疫病，促进养殖业发展，保护人体健康，维护公共卫生安全，制定本法。

第二条　本法适用于在中华人民共和国领域内的动物防疫及其监督管理活动。

进出境动物、动物产品的检疫，适用《中华人民共和国进出境动植物检疫法》。

第三条 本法所称动物，是指家畜家禽和人工饲养、合法捕获的其他动物。

本法所称动物产品，是指动物的肉、生皮、原毛、绒、脏器、脂、血液、精液、卵、胚胎、骨、蹄、头、角、筋以及可能传播动物疫病的奶、蛋等。

本法所称动物疫病，是指动物传染病、寄生虫病。

本法所称动物防疫，是指动物疫病的预防、控制、扑灭和动物、动物产品的检疫。

第四条 根据动物疫病对养殖业生产和人体健康的危害程度，本法规定管理的动物疫病分为下列三类：

（一）一类疫病，是指对人与动物危害严重，需要采取紧急、严厉的强制预防、控制、扑灭等措施的；

（二）二类疫病，是指可能造成重大经济损失，需要采取严格控制、扑灭等措施，防止扩散的；

（三）三类疫病，是指常见多发、可能造成重大经济损失，需要控制和净化的。

前款一、二、三类动物疫病具体病种名录由国务院兽医主管部门制定并公布（见本书附录3）。

第五条 国家对动物疫病实行预防为主的方针。

第六条 县级以上人民政府应当加强对动物防疫工作的统一领导，加强基层动物防疫队伍建设，建立健全动物防疫体系，制定并组织实施动物疫病防治规划。

乡级人民政府、城市街道办事处应当组织群众协助做好本管辖区域内的动物疫病预防与控制工作。

第七条 国务院兽医主管部门主管全国的动物防疫工作。

县级以上地方人民政府兽医主管部门主管本行政区域内的动物防疫工作。

县级以上人民政府其他部门在各自的职责范围内做好动物防疫工作。

军队和武装警察部队动物卫生监督职能部门分别负责军队和武装警察部队现役动物及饲养自用动物的防疫工作。

第八条　县级以上地方人民政府设立的动物卫生监督机构依照本法规定，负责动物、动物产品的检疫工作和其他有关动物防疫的监督管理执法工作。

第九条　县级以上人民政府按照国务院的规定，根据统筹规划、合理布局、综合设置的原则建立动物疫病预防控制机构，承担动物疫病的监测、检测、诊断、流行病学调查、疫情报告以及其他预防、控制等技术工作。

第十条　国家支持和鼓励开展动物疫病的科学研究以及国际合作与交流，推广先进适用的科学研究成果，普及动物防疫科学知识，提高动物疫病防治的科学技术水平。

第十一条　对在动物防疫工作、动物防疫科学研究中做出成绩和贡献的单位和个人，各级人民政府及有关部门给予奖励。

第二章　动物疫病的预防

第十二条　国务院兽医主管部门对动物疫病状况进行风险评估，根据评估结果制定相应的动物疫病预防、控制措施。

国务院兽医主管部门根据国内外动物疫情和保护养殖业生产及人体健康的需要，及时制定并公布动物疫病预防、控制技术规范。

第十三条　国家对严重危害养殖业生产和人体健康的动物疫病实施强制免疫。国务院兽医主管部门确定强制免疫的动物疫病病种和区域，并会同国务院有关部门制定国家动物疫病强制免疫计划。

省、自治区、直辖市人民政府兽医主管部门根据国家动物疫病强制免疫计划，制订本行政区域的强制免疫计划；并可以根据本行政区域内动物疫病流行情况增加实施强制免疫的动物疫病病种和区域，报本级人民政府批准后执行，并报国务院兽医主管部门备案。

第十四条 县级以上地方人民政府兽医主管部门组织实施动物疫病强制免疫计划。乡级人民政府、城市街道办事处应当组织本管辖区域内饲养动物的单位和个人做好强制免疫工作。

饲养动物的单位和个人应当依法履行动物疫病强制免疫义务，按照兽医主管部门的要求做好强制免疫工作。

经强制免疫的动物，应当按照国务院兽医主管部门的规定建立免疫档案，加施畜禽标识，实施可追溯管理。

第十五条 县级以上人民政府应当建立健全动物疫情监测网络，加强动物疫情监测。

国务院兽医主管部门应当制定国家动物疫病监测计划。省、自治区、直辖市人民政府兽医主管部门应当根据国家动物疫病监测计划，制定本行政区域的动物疫病监测计划。

动物疫病预防控制机构应当按照国务院兽医主管部门的规定，对动物疫病的发生、流行等情况进行监测；从事动物饲养、屠宰、经营、隔离、运输以及动物产品生产、经营、加工、贮藏等活动的单位和个人不得拒绝或者阻碍。

第十六条 国务院兽医主管部门和省、自治区、直辖市人民政府兽医主管部门应当根据对动物疫病发生、流行趋势的预测，及时发出动物疫情预警。地方各级人民政府接到动物疫情预警后，应当采取相应的预防、控制措施。

第十七条 从事动物饲养、屠宰、经营、隔离、运输以及动物产品生产、经营、加工、贮藏等活动的单位和个人，应当依照本法和国务院兽医主管部门的规定，做好免疫、消毒等动物疫病预防工作。

第十八条 种用、乳用动物和宠物应当符合国务院兽医主管部门规定的健康标准。

种用、乳用动物应当接受动物疫病预防控制机构的定期检测；检测不合格的，应当按照国务院兽医主管部门的规定予以处理。

第十九条　动物饲养场（养殖小区）和隔离场所，动物屠宰加工场所，以及动物和动物产品无害化处理场所，应当符合下列动物防疫条件：

（一）场所的位置与居民生活区、生活饮用水源地、学校、医院等公共场所的距离符合国务院兽医主管部门规定的标准；

（二）生产区封闭隔离，工程设计和工艺流程符合动物防疫要求；

（三）有相应的污水、污物、病死动物、染疫动物产品的无害化处理设施设备和清洗消毒设施设备；

（四）有为其服务的动物防疫技术人员；

（五）有完善的动物防疫制度；

（六）具备国务院兽医主管部门规定的其他动物防疫条件。

第二十条　兴办动物饲养场（养殖小区）和隔离场所，动物屠宰加工场所，以及动物和动物产品无害化处理场所，应当向县级以上地方人民政府兽医主管部门提出申请，并附具相关材料。受理申请的兽医主管部门应当依照本法和《中华人民共和国行政许可法》的规定进行审查。经审查合格的，发给动物防疫条件合格证；不合格的，应当通知申请人并说明理由。需要办理工商登记的，申请人凭动物防疫条件合格证向工商行政管理部门申请办理登记注册手续。

动物防疫条件合格证应当载明申请人的名称、场（厂）址等事项。

经营动物、动物产品的集贸市场应当具备国务院兽医主管部门规定的动物防疫条件，并接受动物卫生监督机构的监督检查。

第二十一条　动物、动物产品的运载工具、垫料、包装物、容器等应当符合国务院兽医主管部门规定的动物防疫要求。

染疫动物及其排泄物、染疫动物产品，病死或者死因不明的动物尸体，运载工具中的动物排泄物以及垫料、包装物、容器等污染物，应当按照国务院兽医主管部门的规定处理，不得随意处置。

第二十二条　采集、保存、运输动物病料或者病原微生物以及从事病原微生物研究、教学、检测、诊断等活动，应当遵守国家有关病原微生物实验室管理的规定。

第二十三条　患有人畜共患传染病的人员不得直接从事动物诊疗以及易感染动物的饲养、屠宰、经营、隔离、运输等活动。

人畜共患传染病名录由国务院兽医主管部门会同国务院卫生主管部门制定并公布。

第二十四条　国家对动物疫病实行区域化管理，逐步建立无规定动物疫病区。无规定动物疫病区应当符合国务院兽医主管部门规定的标准，经国务院兽医主管部门验收合格予以公布。

本法所称无规定动物疫病区，是指具有天然屏障或者采取人工措施，在一定期限内没有发生规定的一种或者几种动物疫病，并经验收合格的区域。

第二十五条　禁止屠宰、经营、运输下列动物和生产、经营、加工、贮藏、运输下列动物产品：

（一）封锁疫区内与所发生动物疫病有关的；

（二）疫区内易感染的；

（三）依法应当检疫而未经检疫或者检疫不合格的；

（四）染疫或者疑似染疫的；

（五）病死或者死因不明的；

（六）其他不符合国务院兽医主管部门有关动物防疫规定的。

第三章　动物疫情的报告、通报和公布

第二十六条　从事动物疫情监测、检验检疫、疫病研究与诊

疗以及动物饲养、屠宰、经营、隔离、运输等活动的单位和个人，发现动物染疫或者疑似染疫的，应当立即向当地兽医主管部门、动物卫生监督机构或者动物疫病预防控制机构报告，并采取隔离等控制措施，防止动物疫情扩散。其他单位和个人发现动物染疫或者疑似染疫的，应当及时报告。

接到动物疫情报告的单位，应当及时采取必要的控制处理措施，并按照国家规定的程序上报。

第二十七条　动物疫情由县级以上人民政府兽医主管部门认定；其中重大动物疫情由省、自治区、直辖市人民政府兽医主管部门认定，必要时报国务院兽医主管部门认定。

第二十八条　国务院兽医主管部门应当及时向国务院有关部门和军队有关部门以及省、自治区、直辖市人民政府兽医主管部门通报重大动物疫情的发生和处理情况；发生人畜共患传染病的，县级以上人民政府兽医主管部门与同级卫生主管部门应当及时相互通报。

国务院兽医主管部门应当依照我国缔结或者参加的条约、协定，及时向有关国际组织或者贸易方通报重大动物疫情的发生和处理情况。

第二十九条　国务院兽医主管部门负责向社会及时公布全国动物疫情，也可以根据需要授权省、自治区、直辖市人民政府兽医主管部门公布本行政区域内的动物疫情。其他单位和个人不得发布动物疫情。

第三十条　任何单位和个人不得瞒报、谎报、迟报、漏报动物疫情，不得授意他人瞒报、谎报、迟报动物疫情，不得阻碍他人报告动物疫情。

第四章　动物疫病的控制和扑灭

第三十一条　发生一类动物疫病时，应当采取下列控制和扑灭措施：

（一）当地县级以上地方人民政府兽医主管部门应当立即派人到现场，划定疫点、疫区、受威胁区，调查疫源，及时报请本级人民政府对疫区实行封锁。疫区范围涉及两个以上行政区域的，由有关行政区域共同的上一级人民政府对疫区实行封锁，或者由各有关行政区域的上一级人民政府共同对疫区实行封锁。必要时，上级人民政府可以责成下级人民政府对疫区实行封锁。

（二）县级以上地方人民政府应当立即组织有关部门和单位采取封锁、隔离、扑杀、销毁、消毒、无害化处理、紧急免疫接种等强制性措施，迅速扑灭疫病。

（三）在封锁期间，禁止染疫、疑似染疫和易感染的动物、动物产品流出疫区，禁止非疫区的易感染动物进入疫区，并根据扑灭动物疫病的需要对出入疫区的人员、运输工具及有关物品采取消毒和其他限制性措施。

第三十二条　发生二类动物疫病时，应当采取下列控制和扑灭措施：

（一）当地县级以上地方人民政府兽医主管部门应当划定疫点、疫区、受威胁区。

（二）县级以上地方人民政府根据需要组织有关部门和单位采取隔离、扑杀、销毁、消毒、无害化处理、紧急免疫接种、限制易感染的动物和动物产品及有关物品出入等控制、扑灭措施。

第三十三条　疫点、疫区、受威胁区的撤销和疫区封锁的解除，按照国务院兽医主管部门规定的标准和程序评估后，由原决定机关决定并宣布。

第三十四条　发生三类动物疫病时，当地县级、乡级人民政府应当按照国务院兽医主管部门的规定组织防治和净化。

第三十五条　二、三类动物疫病呈暴发性流行时，按照一类动物疫病处理。

第三十六条　为控制、扑灭动物疫病，动物卫生监督机构应当派人在当地依法设立的现有检查站执行监督检查任务；必要时，经省、自治区、直辖市人民政府批准，可以设立临时性的动物卫生监督检查站，执行监督检查任务。

第三十七条　发生人畜共患传染病时，卫生主管部门应当组织对疫区易感染的人群进行监测，并采取相应的预防、控制措施。

第三十八条　疫区内有关单位和个人，应当遵守县级以上人民政府及其兽医主管部门依法作出的有关控制、扑灭动物疫病的规定。

任何单位和个人不得藏匿、转移、盗掘已被依法隔离、封存、处理的动物和动物产品。

第三十九条　发生动物疫情时，航空、铁路、公路、水路等运输部门应当优先组织运送控制、扑灭疫病的人员和有关物资。

第四十条　一、二、三类动物疫病突然发生，迅速传播，给养殖业生产安全造成严重威胁、危害，以及可能对公众身体健康与生命安全造成危害，构成重大动物疫情的，依照法律和国务院的规定采取应急处理措施。

第五章　动物和动物产品的检疫

第四十一条　动物卫生监督机构依照本法和国务院兽医主管部门的规定对动物、动物产品实施检疫。

动物卫生监督机构的官方兽医具体实施动物、动物产品检疫。官方兽医应当具备规定的资格条件，取得国务院兽医主管部门颁发的资格证书，具体办法由国务院兽医主管部门会同国务院人事行政部门制定。

本法所称官方兽医，是指具备规定的资格条件并经兽医主管部门任命的，负责出具检疫等证明的国家兽医工作人员。

第四十二条　屠宰、出售或者运输动物以及出售或者运输动物产品前，货主应当按照国务院兽医主管部门的规定向当地动物卫生监督机构申报检疫。

动物卫生监督机构接到检疫申报后，应当及时指派官方兽医对动物、动物产品实施现场检疫；检疫合格的，出具检疫证明、加施检疫标志。实施现场检疫的官方兽医应当在检疫证明、检疫标志上签字或者盖章，并对检疫结论负责。

第四十三条　屠宰、经营、运输以及参加展览、演出和比赛的动物，应当附有检疫证明；经营和运输的动物产品，应当附有检疫证明、检疫标志。

对前款规定的动物、动物产品，动物卫生监督机构可以查验检疫证明、检疫标志，进行监督抽查，但不得重复检疫收费。

第四十四条　经铁路、公路、水路、航空运输动物和动物产品的，托运人托运时应当提供检疫证明；没有检疫证明的，承运人不得承运。

运载工具在装载前和卸载后应当及时清洗、消毒。

第四十五条　输入到无规定动物疫病区的动物、动物产品，货主应当按照国务院兽医主管部门的规定向无规定动物疫病区所在地动物卫生监督机构申报检疫，经检疫合格的，方可进入；检疫所需费用纳入无规定动物疫病区所在地地方人民政府财政预算。

第四十六条　跨省、自治区、直辖市引进乳用动物、种用动物及其精液、胚胎、种蛋的，应当向输入地省、自治区、直辖市动物卫生监督机构申请办理审批手续，并依照本法第四十二条的规定取得检疫证明。

跨省、自治区、直辖市引进的乳用动物、种用动物到达输入地后，货主应当按照国务院兽医主管部门的规定对引进的乳用动物、种用动物进行隔离观察。

第四十七条　人工捕获的可能传播动物疫病的野生动物，应当报经捕获地动物卫生监督机构检疫，经检疫合格的，方可饲养、经营和运输。

第四十八条　经检疫不合格的动物、动物产品，货主应当在动物卫生监督机构监督下按照国务院兽医主管部门的规定处理，处理费用由货主承担。

第四十九条　依法进行检疫需要收取费用的，其项目和标准由国务院财政部门、物价主管部门规定。

第六章　动物诊疗

第五十条　从事动物诊疗活动的机构，应当具备下列条件

（一）有与动物诊疗活动相适应并符合动物防疫条件的场所；

（二）有与动物诊疗活动相适应的执业兽医；

（三）有与动物诊疗活动相适应的兽医器械和设备；

（四）有完善的管理制度。

第五十一条　设立从事动物诊疗活动的机构，应当向县级以上地方人民政府兽医主管部门申请动物诊疗许可证。受理申请的兽医主管部门应当依照本法和《中华人民共和国行政许可法》的规定进行审查。经审查合格的，发给动物诊疗许可证；不合格的，应当通知申请人并说明理由。申请人凭动物诊疗许可证向工商行政管理部门申请办理登记注册手续，取得营业执照后，方可从事动物诊疗活动。

第五十二条　动物诊疗许可证应当载明诊疗机构名称、诊疗活动范围、从业地点和法定代表人（负责人）等事项。

动物诊疗许可证载明事项变更的，应当申请变更或者换发动物诊疗许可证，并依法办理工商变更登记手续。

第五十三条　动物诊疗机构应当按照国务院兽医主管部门的规定，做好诊疗活动中的卫生安全防护、消毒、隔离和诊疗废弃物处置等工作。

第五十四条　国家实行执业兽医资格考试制度。具有兽医相

关专业大学专科以上学历的，可以申请参加执业兽医资格考试；考试合格的，由国务院兽医主管部门颁发执业兽医资格证书；从事动物诊疗的，还应当向当地县级人民政府兽医主管部门申请注册。执业兽医资格考试和注册办法由国务院兽医主管部门商国务院人事行政部门制定。

本法所称执业兽医，是指从事动物诊疗和动物保健等经营活动的兽医。

第五十五条　经注册的执业兽医，方可从事动物诊疗、开具兽药处方等活动。但是，本法第五十七条对乡村兽医服务人员另有规定的，从其规定。

执业兽医、乡村兽医服务人员应当按照当地人民政府或者兽医主管部门的要求，参加预防、控制和扑灭动物疫病的活动。

第五十六条　从事动物诊疗活动，应当遵守有关动物诊疗的操作技术规范，使用符合国家规定的兽药和兽医器械。

第五十七条　乡村兽医服务人员可以在乡村从事动物诊疗服务活动，具体管理办法由国务院兽医主管部门制定。

第七章　监督管理

第五十八条　动物卫生监督机构依照本法规定，对动物饲养、屠宰、经营、隔离、运输以及动物产品生产、经营、加工、贮藏、运输等活动中的动物防疫实施监督管理。

第五十九条　动物卫生监督机构执行监督检查任务，可以采取下列措施，有关单位和个人不得拒绝或者阻碍：

（一）对动物、动物产品按照规定采样、留验、抽检；

（二）对染疫或者疑似染疫的动物、动物产品及相关物品进行隔离、查封、扣押和处理；

（三）对依法应当检疫而未经检疫的动物实施补检；

（四）对依法应当检疫而未经检疫的动物产品，具备补检条件的实施补检，不具备补检条件的予以没收销毁；

　　（五）查验检疫证明、检疫标志和畜禽标识；

　　（六）进入有关场所调查取证，查阅、复制与动物防疫有关的资料。

　　动物卫生监督机构根据动物疫病预防、控制需要，经当地县级以上地方人民政府批准，可以在车站、港口、机场等相关场所派驻官方兽医。

　　第六十条　官方兽医执行动物防疫监督检查任务，应当出示行政执法证件，佩带统一标志。

　　动物卫生监督机构及其工作人员不得从事与动物防疫有关的经营性活动，进行监督检查不得收取任何费用。

　　第六十一条　禁止转让、伪造或者变造检疫证明、检疫标志或者畜禽标识。

　　检疫证明、检疫标志的管理办法，由国务院兽医主管部门制定。

第八章　保障措施

　　第六十二条　县级以上人民政府应当将动物防疫纳入本级国民经济和社会发展规划及年度计划。

　　第六十三条　县级人民政府和乡级人民政府应当采取有效措施，加强村级防疫员队伍建设。

　　县级人民政府兽医主管部门可以根据动物防疫工作需要，向乡、镇或者特定区域派驻兽医机构。

　　第六十四条　县级以上人民政府按照本级政府职责，将动物疫病预防、控制、扑灭、检疫和监督管理所需经费纳入本级财政预算。

　　第六十五条　县级以上人民政府应当储备动物疫情应急处理工作所需的防疫物资。

　　第六十六条　对在动物疫病预防和控制、扑灭过程中强制扑杀的动物、销毁的动物产品和相关物品，县级以上人民政府应当给予补偿。具体补偿标准和办法由国务院财政部门会同有关部门制定。

因依法实施强制免疫造成动物应激死亡的，给予补偿。具体补偿标准和办法由国务院财政部门会同有关部门制定。

第六十七条　对从事动物疫病预防、检疫、监督检查、现场处理疫情以及在工作中接触动物疫病病原体的人员，有关单位应当按照国家规定采取有效的卫生防护措施和医疗保健措施。

第九章　法律责任

第六十八条　地方各级人民政府及其工作人员未依照本法规定履行职责的，对直接负责的主管人员和其他直接责任人员依法给予处分。

第六十九条　县级以上人民政府兽医主管部门及其工作人员违反本法规定，有下列行为之一的，由本级人民政府责令改正，通报批评；对直接负责的主管人员和其他直接责任人员依法给予处分：

（一）未及时采取预防、控制、扑灭等措施的；

（二）对不符合条件的颁发动物防疫条件合格证、动物诊疗许可证，或者对符合条件的拒不颁发动物防疫条件合格证、动物诊疗许可证的；

（三）其他未依照本法规定履行职责的行为。

第七十条　动物卫生监督机构及其工作人员违反本法规定，有下列行为之一的，由本级人民政府或者兽医主管部门责令改正，通报批评；对直接负责的主管人员和其他直接责任人员依法给予处分：

（一）对未经现场检疫或者检疫不合格的动物、动物产品出具检疫证明、加施检疫标志，或者对检疫合格的动物、动物产品拒不出具检疫证明、加施检疫标志的；

（二）对附有检疫证明、检疫标志的动物、动物产品重复检疫的；

（三）从事与动物防疫有关的经营性活动，或者在国务院财政部门、物价主管部门规定外加收费用、重复收费的；

（四）其他未依照本法规定履行职责的行为。

第七十一条　动物疫病预防控制机构及其工作人员违反本法规定，有下列行为之一的，由本级人民政府或者兽医主管部门责令改正，通报批评；对直接负责的主管人员和其他直接责任人员依法给予处分：

（一）未履行动物疫病监测、检测职责或者伪造监测、检测结果的；

（二）发生动物疫情时未及时进行诊断、调查的；

（三）其他未依照本法规定履行职责的行为。

第七十二条　地方各级人民政府、有关部门及其工作人员瞒报、谎报、迟报、漏报或者授意他人瞒报、谎报、迟报动物疫情，或者阻碍他人报告动物疫情的，由上级人民政府或者有关部门责令改正，通报批评；对直接负责的主管人员和其他直接责任人员依法给予处分。

第七十三条　违反本法规定，有下列行为之一的，由动物卫生监督机构责令改正，给予警告；拒不改正的，由动物卫生监督机构代作处理，所需处理费用由违法行为人承担，可以处一千元以下罚款：

（一）对饲养的动物不按照动物疫病强制免疫计划进行免疫接种的；

（二）种用、乳用动物未经检测或者经检测不合格而不按照规定处理的；

（三）动物、动物产品的运载工具在装载前和卸载后没有及时清洗、消毒的。

第七十四条　违反本法规定，对经强制免疫的动物未按照国务院兽医主管部门规定建立免疫档案、加施畜禽标识的，依照《中华人民共和国畜牧法》的有关规定处罚。

第七十五条　违反本法规定，不按照国务院兽医主管部门规定处置染疫动物及其排泄物，染疫动物产品，病死或者死因不明的动物尸体，运载工具中的动物排泄物以及垫料、包装物、容器等污染物以及其他经检疫不合格的动物、动物产品的，由动物卫生监督机构责令无害化处理，所需处理费用由违法行为人承担，可以处三千元以下罚款。

第七十六条　违反本法第二十五条规定，屠宰、经营、运输动物或者生产、经营、加工、贮藏、运输动物产品的，由动物卫生监督机构责令改正、采取补救措施，没收违法所得和动物、动物产品，并处同类检疫合格动物、动物产品货值金额一倍以上五倍以下罚款；其中依法应当检疫而未检疫的，依照本法第七十八条的规定处罚。

第七十七条　违反本法规定，有下列行为之一的，由动物卫生监督机构责令改正，处一千元以上一万元以下罚款；情节严重的，处一万元以上十万元以下罚款：

（一）兴办动物饲养场（养殖小区）和隔离场所，动物屠宰加工场所，以及动物和动物产品无害化处理场所，未取得动物防疫条件合格证的；

（二）未办理审批手续，跨省、自治区、直辖市引进乳用动物、种用动物及其精液、胚胎、种蛋的；

（三）未经检疫，向无规定动物疫病区输入动物、动物产品的。

第七十八条　违反本法规定，屠宰、经营、运输的动物未附有检疫证明，经营和运输的动物产品未附有检疫证明、检疫标志的，由动物卫生监督机构责令改正，处同类检疫合格动物、动物产品货值金额百分之十以上百分之五十以下罚款；对货主以外的承运人处运输费用一倍以上三倍以下罚款。

违反本法规定，参加展览、演出和比赛的动物未附有检疫证明的，由动物卫生监督机构责令改正，处一千元以上三千元以下罚款。

第七十九条　违反本法规定，转让、伪造或者变造检疫证明、检疫标志或者畜禽标识的，由动物卫生监督机构没收违法所得，收缴检疫证明、检疫标志或者畜禽标识，并处三千元以上三万元以下罚款。

第八十条　违反本法规定，有下列行为之一的，由动物卫生监督机构责令改正，处一千元以上一万元以下罚款：

（一）不遵守县级以上人民政府及其兽医主管部门依法作出的有关控制、扑灭动物疫病规定的；

（二）藏匿、转移、盗掘已被依法隔离、封存、处理的动物和动物产品的；

（三）发布动物疫情的。

第八十一条　违反本法规定，未取得动物诊疗许可证从事动物诊疗活动的，由动物卫生监督机构责令停止诊疗活动，没收违法所得；违法所得在三万元以上的，并处违法所得一倍以上三倍以下罚款；没有违法所得或者违法所得不足三万元的，并处三千元以上三万元以下罚款。

动物诊疗机构违反本法规定，造成动物疫病扩散的，由动物卫生监督机构责令改正，处一万元以上五万元以下罚款；情节严重的，由发证机关吊销动物诊疗许可证。

第八十二条　违反本法规定，未经兽医执业注册从事动物诊疗活动的，由动物卫生监督机构责令停止动物诊疗活动，没收违法所得，并处一千元以上一万元以下罚款。

执业兽医有下列行为之一的，由动物卫生监督机构给予警告，责令暂停六个月以上一年以下动物诊疗活动；情节严重的，由发证机关吊销注册证书：

（一）违反有关动物诊疗的操作技术规范，造成或者可能造成动物疫病传播、流行的；

（二）使用不符合国家规定的兽药和兽医器械的；

（三）不按照当地人民政府或者兽医主管部门要求参加动物疫病预防、控制和扑灭活动的。

第八十三条 违反本法规定，从事动物疫病研究与诊疗和动物饲养、屠宰、经营、隔离、运输，以及动物产品生产、经营、加工、贮藏等活动的单位和个人，有下列行为之一的，由动物卫生监督机构责令改正；拒不改正的，对违法行为单位处一千元以上一万元以下罚款，对违法行为个人可以处五百元以下罚款：

（一）不履行动物疫情报告义务的；

（二）不如实提供与动物防疫活动有关资料的；

（三）拒绝动物卫生监督机构进行监督检查的；

（四）拒绝动物疫病预防控制机构进行动物疫病监测、检测的。

第八十四条 违反本法规定，构成犯罪的，依法追究刑事责任。

违反本法规定，导致动物疫病传播、流行等，给他人人身、财产造成损害的，依法承担民事责任。

第十章 附 则

第八十五条 本法自 2008 年 1 月 1 日起施行。

附录二 动物疫病防治员国家职业标准

中华人民共和国人力资源和社会保障部、中华人民共和国农业部共同制定

说　　明

为了进一步完善国家职业标准体系，为职业教育、职业培训和职业技能鉴定提供科学、规范的依据，根据《中华人民共和国劳动法》、《中华人民共和国职业教育法》的有关规定，人力资源和社会保障部、农业部共同组织专家，制定了《动物疫病防治员国家职业标准》（以下简称《标准》）。《标准》已经人力资源和社会保障部、农业部批准，自 2009 年 7 月 26 日正式施行。现将有关情况说明如下：

一、本《标准》以《中华人民共和国职业分类大典》为依据，以客观反映本职业现阶段的水平和对从业人员的要求为目标，在充分考虑经济发展、科技进步和产业结构变化对本职业影响的基础上，对职业的活动范围、工作内容、技能要求和知识水平做出明确的规定。

二、按照《国家职业标准制定技术规程》的要求，《标准》在体例上力求规范，在内容上尽可能体现以职业活动为导向、以职业技能为核心的原则。同时，尽量做到可根据科技发展进步的需要适当进行调整，使之具有较强的实用性和一定的灵活性，以适应培训、鉴定和就业的实际需要。

三、本职业分为三个等级，《标准》的内容包括职业概况、基本要求、工作要求和比重表四个方面。

四、参加《标准》修订的人员有：刘素英、佘锐萍、高琳、明智勇、孙钢、陈静、周科、郭秀侠、徐小国、兰邹然、刘天龙、李睿文、丁叶、岳卓、袁蕾磊、尤华。参加审定的主要人员有：向朝阳、崔鹏伟、陈蕾、杜旭、李雪、莫广刚。

五、在《标准》制定过程中，中国动物疫病预防控制中心、中国农业大学、江西省动物疫病预防控制中心、山东省动物疫病预防控制中心、江苏省动物卫生监督所、陕西省畜牧技术培训中心等单位给予了大力支持。在此，谨致谢忱！

1 职业概况

1.1 职业名称

动物疫病防治员。

1.2 职业定义

从事动物疫病防治工作的人员。

1.3 职业等级

本职业共设三个等级，分别为：初级（国家职业资格五级）、中级（国家职业资格四级）、高级（国家职业资格三级）。

1.4 职业环境

室内、室外、常温。

1.5 职业能力特征

具有一定的学习和计算能力；嗅觉和触觉灵敏；手指、手臂灵活，动作协调。

1.6 基本文化程度

初中毕业。

1.7 培训要求

1.7.1 培训期限

全日制职业学校教育，根据其培养目标和教学计划确定。晋级培训期限：初级不少于150标准学时；中级不少于120标准学时；高级不少于90标准学时。

1.7.2 培训教师

培训初级人员的教师应具有本职业高级职业资格证书或相关专业中级技术职务任职资格；培训中级人员的教师应具有本职业高级职业资格证书1年以上或相关专业中级技术职务任职资格；培训高级人员的教师应具有本职业高级职业资格证书2年以上或相关专业高级技术职务任职资格。

1.7.3 培训场地设备

理论知识培训场地应有能满足教学需要的标准教室；专业技

能培训场所应有相关仪器设备与材料。

1.8　鉴定要求

1.8.1　适用对象

从事或准备从事本职业的人员。

1.8.2　申报条件

——初级（具备以下条件之一者）

（1）经本职业初级正规培训达规定标准学时数，并取得结业证书。

（2）在本职业连续见习工作 2 年以上。

——中级（具备以下条件之一者）

（1）取得本职业初级职业资格证书后，连续从事本职业工作 3 年以上，经本职业中级正规培训达规定标准学时数，并取得结业证书。

（2）取得本职业初级职业资格证书后，连续从事本职业工作 5 年以上。

（3）连续从事本职业工作 7 年以上。

（4）取得经劳动和社会保障行政部门审核认定的、以中级技能为培养目标的中等以上职业学校本职业（专业）毕业证书。

——高级（具备以下条件之一者）

（1）取得本职业中级职业资格证书后，连续从事本职业工作 3 年以上，经本职业高级正规培训达规定标准学时数，并取得结业证书。

（2）取得本职业中级职业资格证书后，连续从事本职业工作 5 年以上。

（3）取得高级技工学校或经劳动和社会保障行政部门审核认定的、以高级技能为培养目标的高等职业学校本职业（专业）毕业证书。

1.8.3　鉴定方式

分为理论知识考试和技能操作考核。理论知识考试采用闭卷笔试等方式，技能操作考核采用现场实际操作、模拟和口试等方式。理论知识考试和技能操作考核均实行百分制，成绩皆达 60分及以上者为合格。

1.8.4　考评人员与考生配比

理论知识考试考评人员与考生配比为 1∶15，每个标准教室不少于 2 名考评人员；技能操作考核考评员与考生配比为 1∶5，且不少于 3 名考评员。

1.8.5　鉴定时间

理论知识考试时间不少于 120 分钟。技能操作考核：初级、中级不少于 60 分钟，高级不少于 90 分钟。

1.8.6　鉴定场所设备

理论知识考试在标准教室进行；技能操作考核应为具有实验动物、实验器材及实验设备的场所。综合评审应在具有多媒体设备的会议室。

2　基本要求

2.1　职业道德

2.1.1　职业道德基本知识

2.1.2　职业守则

（1）爱岗敬业，有为祖国畜牧业健康发展努力工作的奉献精神

（2）努力学习业务知识，不断提高理论知识和操作能力

（3）工作积极，热情主动

（4）遵纪守法，不谋私利

2.2　专业基础知识

2.2.1　畜禽解剖生理基础知识

（1）畜体的组织结构

（2）消化系统

（3）呼吸系统

（4）循环系统

（5）泌尿系统

（6）生殖系统

（7）运动系统

（8）神经系统

（9）内分泌系统

（10）感觉器官与被皮系统

（11）家禽的解剖与生理特征

2.2.2 动物病理学基础知识

（1）动物疾病的概念特征

（2）动物疾病发生的原因

（3）动物疾病发生发展的基本规律

（4）动物常见的局部病理变化

2.2.3 兽医微生物与免疫学基础知识

（1）兽医微生物学基础知识

（2）动物免疫学基础知识

2.2.4 动物传染病防治基础知识

（1）感染和传染病的概念

（2）感染的类型

（3）传染病病程的发展阶段

（4）传染病流行过程的基本环节

（5）疫源地和自然疫源地

（6）流行过程的表现形式及其特性

（7）影响流行过程的因素

（8）动物传染病防治措施

2.2.5 动物寄生虫病防治基础知识

（1）寄生虫的概念

（2）宿主的概念与类型

（3）寄生虫病的流行与危害

（4）寄生虫病的诊断与防治

2.2.6　人畜共患传染病防治基础知识

（1）人畜共患传染病的定义和分类

（2）人畜共患传染病的流行病学特征

（3）人畜共患传染病的防治原则

2.2.7　常用兽药基础知识

（1）兽药的概念

（2）药物的作用

（3）合理用药

（4）常用兽药

（5）兽用生物制品

2.2.8　动物卫生防疫基础知识

（1）动物饲养场选择、建筑布局的防疫条件要求

（2）饲料与饲养卫生

（3）饮水、环境、人员卫生

（4）用具车辆消毒

2.2.9　畜禽标识识别及佩带

（1）牲畜耳标的样式

（2）牲畜耳标的佩带、回收与销毁

2.2.10　相关法律、法规知识

（1）《中华人民共和国动物防疫法》的相关知识

（2）《畜禽标识和养殖档案管理办法》的相关知识

（3）《兽药管理条例》的相关知识

（4）《重大动物疫情应急条例》的相关知识

3　工作要求

本标准对初级、中级和高级的技能要求依次递进，高级别涵盖低级别的要求。

3.1 初级

职业功能	工作内容	技能要求	相关知识
	（一）猪的保定	1. 能用提起保定法保定猪 2. 能用倒卧保定法保定猪	1. 提起保定的适用范围和操作方法 2. 倒卧保定的适用范围和操作方法
	（二）马的保定	1. 能用鼻捻棒法保定马 2. 能用耳夹子法保定马 3. 能用两后肢法保定马 4. 能用栏柱内法保定马	1. 鼻捻子保定的适用范围和操作方法 2. 耳夹子保定的适用范围和操作方法 3. 两后肢保定的适用范围和操作方法 4. 栏柱内保定的适用范围和操作方法
一、动物保定	（三）牛的保定	1. 能用徒手法保定牛 2. 能用牛鼻钳法保定牛 3. 能用栏柱内法保定牛 4. 能用倒卧法保定牛	1. 徒手法保定的适用范围和操作方法 2. 牛鼻钳保定适用范围和操作方法 3. 栏柱内保定适用范围和操作方法 4. 倒卧保定适用范围和操作方法
	（四）羊的保定	1. 能用站立法保定羊 2. 能用倒卧法保定羊	1. 站立保定的适用范围和操作方法 2. 倒卧保定的适用范围和操作方法
	（五）犬的保定	1. 能用口网法保定犬 2. 能扎口法保定犬 3. 能用横卧法保定犬	1. 口网保定的适用范围和操作方法 2. 扎口保定的适用范围和操作方法 3. 横卧保定的适用范围和操作方法
	（六）猫的保定	1. 能用保定架法保定猫 2. 能用夹猫钳法保定猫	1. 保定架保定的适用范围和操作方法 2. 夹猫钳保定的适用范围和操作方法

（续表）

职业功能	工作内容	技能要求	相关知识
二、动物卫生消毒	（一）消毒	1. 能采用机械法、焚烧法、火焰法进行物理消毒 2. 能采用刷洗、浸泡、喷洒、熏蒸、拌和、撒布、擦拭等法进行化学消毒 3. 能采用发酵池法进行生物消毒	1. 物理消毒的操作步骤和注意事项 2. 化学消毒的操作步骤和注意事项 3. 生物消毒的操作步骤和注意事项
	（二）消毒药的配制	1. 能配制70%酒精溶液 2. 能配制5%氢氧化钠溶液 3. 能配制0.1%高锰酸钾溶液 4. 能配制3%来苏儿溶液 5. 能配制2%碘酊溶液 6. 能配制碘甘油 7. 能配制熟石灰 8. 能配制20%石灰乳	1. 消毒剂的种类 2. 消毒药溶液浓度表示方法 3. 常用消毒药配制方法 4. 常用消毒药配制的注意事项
	（三）器具消毒	1. 能对诊疗器械进行消毒 2. 能对饲养器具进行消毒 3. 能对运载工具进行消毒	1. 诊疗器械消毒的操作步骤和注意事项 2. 饲养器具消毒的操作步骤和注意事项 3. 运载工具消毒的操作步骤和注意事项
	（四）防治操作消毒	1. 能对动物皮肤、黏膜进行消毒 2. 能对操作人员的手进行消毒	1. 动物皮肤、黏膜消毒的操作步骤和注意事项 2. 手消毒的操作步骤和注意事项
三、预防接种	（一）免疫接种的准备	1. 能准备免疫接种用器械、防护物品和药品 2. 能对器械进行消毒和人员消毒及防护 3. 能判断待接种动物的健康状况 4. 能检查、预温、稀释和吸取疫苗	1. 免疫接种用器械、防护物品和药品种类 2. 免疫接种器械、个人消毒和防护的步骤消毒步骤和注意事项 3. 待接种动物的健康状况检查内容 4. 检查、预温、稀释和吸取疫苗的方法

（续表）

职业功能	工作内容	技能要求	相关知识
三、预防接种	（二）免疫接种	1. 能进行禽的颈部皮下注射免疫接种、肌内注射免疫接种、皮内注射免疫接种、刺种免疫接种、点眼滴鼻免疫接种、饮水免疫接种、气雾免疫接种 2. 能进行动物皮下免疫接种、肌内免疫接种	1. 免疫接种的种类、方法和注意事项 2. 免疫接种的后续工作
	（三）免疫接种管理	1. 能给动物佩带免疫耳标，填写免疫档案 2. 能进行生物制品的出入库管理	1. 畜禽标识的相关知识 2. 生物制品出入库管理的相关知识
四、监测、诊断样品的采集与运送	（一）监测、诊断样品采样前的准备	1. 能准备采样用的器具，并对采样器具进行消毒 2. 能准备试剂、记录材料和防护用品	1. 监测、诊断样品的种类 2. 样品记录相关知识
	（二）血液样品的采集、保存与运送	1. 能进行耳静脉采血、颈静脉采血、前腔静脉采血、心脏采血、翅静脉采血、后肢内侧面大隐静脉采血、眼睛采血 2. 能进行血液样品的保存和运送	1. 不同采血方法的适用范围、操作步骤和注意事项 2. 血液采集注意事项 3. 血清样品的要求、分离血清的操作步骤和注意事项
五、药品与医疗器械的使用	（一）药品与医疗器械的保管	1. 能保管易受湿度影响药品、易挥发药品、易受光线影响药品、易受温度影响药品、危险药品 2. 能保管金属医疗器械、玻璃器皿、橡胶制品	1. 常用兽用药品的保管要求 2. 常用医疗器械的保管要求
	（二）药品及医疗器械的使用	1. 能使用注射器 2. 能使用体温计 3. 能使用听诊器 4. 能使用耳标钳打耳标 能使用耳标智能识读器识读耳标，上传数据 5. 能使用保温盒、冰箱、冰柜保存药品 6. 能使用消毒液机进行消毒	1. 影响药物疗效的因素 2. 合理用药的原则 3. 禁用的兽用药品 4. 药物的残留及停药期规定 5. 医疗器械使用方法和注意事项 耳标智能识读器使用方法

（续表）

职业功能	工作内容	技能要求	相关知识
六、临床观察与给药	（一）动物流行病学调查	1. 能收集动物流行病学资料 2. 能整理动物流行病学资料	1. 动物流行病学调查相关知识 2. 整理动物流行病学资料的相关知识
	（二）临床症状的观察与检查	1. 能区分健康动物与患病动物 2. 能识别健康动物与患病动物的粪便 3. 能测定动物的体温、心率和呼吸率	1. 健康动物体征 2. 临床检查的基本程序和基本内容 3. 健康动物和患病动物的区分方法 4. 动物粪便的检查方法 5. 动物体温、心率和呼吸率测定的方法和注意事项
	（三）护理	1. 能护理患病动物 2. 能护理哺乳期幼龄动物	1. 各种患病动物的护理要点 2. 哺乳期幼龄动物的护理要点
	（四）给药	1. 能配制散剂、软膏剂、糊剂、水溶液剂、汤剂 2. 能进行口服给药、灌肠给药	1. 试剂配制的基本要求、操作步骤和注意事项 2. 各类动物给药操作要求和注意事项
	（五）驱虫	1. 能驱除动物体内寄生虫 2. 能用药浴法驱除动物体表寄生虫	1. 驱虫的基本概念、方法和注意事项 2. 绵羊药浴的操作步骤和注意事项
七、动物阉割	（一）外科基本操作	1. 能止血、缝合、绷带包扎 2. 能处理新鲜创、化脓创和肉芽肿	1. 术部消毒、止血的方法 2. 缝合的类型 3. 绷带包扎的作用 4. 新鲜创、化脓创、肉芽创的概念和处理方法
	（二）动物的阉割	1. 能进行幼龄母猪阉割手术 2. 能进行幼龄公猪阉割手术 3. 能进行公鸡去势手术	1. 幼龄母猪阉割的操作步骤和注意事项 2. 幼龄公猪阉割的操作步骤和注意事项 3. 公鸡去势的操作步骤和注意事项

（续表）

职业功能	工作内容	技能要求	相关知识
八、患病动物的处理	（一）隔离	1. 能对动物进行分群隔离 2. 能对分群隔离的动物进行处置	1. 隔离动物的意义 2. 隔离动物的方法和注意事项 3. 分群隔离动物处置的方法和注意事项
	（二）病死动物的处理	1. 能运送病死动物尸体 2. 能对病死动物的尸体进行深埋、焚烧、高温处置	1. 尸体运送的注意事项 2. 深埋、焚烧、高温处置尸体的方法和注意事项
	（三）报告疫情	1. 能报告动物疫情 2. 能填写疫情报告表	1. 疫情报告的形式 2. 疫情报告的内容 3. 疫情报告表的相关知识

3.2 中级

职业功能	工作内容	技能要求	相关知识
一、动物卫生消毒	（一）畜舍、空气、排泄物等消毒	1. 能用紫外线照射法、喷雾法和熏蒸法对畜舍、空气进行消毒 2. 能用生物热消毒法、掩埋消毒法、焚烧消毒法和化学药品消毒法对畜舍粪便污物进行消毒 3. 能用物理、化学和生物方法对养殖场污水进行消毒	1. 各种消毒方法的概念及其原理 2. 空气消毒方法的种类、操作方法和注意事项 3. 粪便污物消毒方法的种类、操作方法和注意事项 4. 污水消毒方法的种类、操作方法和注意事项
	（二）场所的消毒	1. 能对养殖场的场地和圈舍进行消毒 2. 能对孵化场进行消毒 3. 能对隔离室进行消毒 4. 能对诊疗室进行消毒	1. 养殖场消毒的操作步骤和注意事项 2. 孵化场消毒的操作步骤和注意事项 3. 隔离室消毒的操作步骤和注意事项 4. 诊疗室消毒的操作步骤和注意事项

职业功能	工作内容	技能要求	相关知识
一、动物卫生消毒	（三）主要疫病的消毒	1. 能进行炭疽病消毒 2. 能进行布氏杆菌病的消毒 3. 能进行结核病的消毒 4. 能进行链球菌病的消毒	1. 炭疽病的相关知识 2. 布氏杆菌病的相关知识 3. 结核病的相关知识 4. 链球菌病的相关知识
	（四）消毒药的使用	1. 能使用醛类消毒药品 2. 能使用卤素类消毒药品 3. 能使用表面活性剂和季铵盐类消毒药品 4. 能使用烟熏百斯特消毒药品 5. 能使用过氧化物类消毒药品 6. 能使用醇类消毒药品 7. 能使用环氧乙烷消毒药品	1. 常用消毒药品的种类和用途 2. 消毒药使用的方法和注意事项
二、预防接种	（一）免疫接种	1. 能进行涂肛或擦肛免疫接种 2. 能进行穴位注射免疫接种 3. 能进行腹腔注射免疫接种	1. 涂肛或擦肛免疫接种的适用范围、方法和注意事项 2. 穴位注射免疫接种的方法和注意事项 3. 腹腔注射免疫接种的方法和注意事项
	（二）生物制品的管理	1. 能保存生物制品 2. 能运输生物制品 3. 能识别、处理过期及失效疫苗	1. 生物制品保存及运输的方法和注意事项 2. 过期及失效疫苗处理的相关知识
	（三）重大动物疫病免疫接种	1. 能进行高致病性禽流感的免疫接种 2. 能进行口蹄疫的免疫接种 3. 能进行高致病性猪蓝耳病的免疫接种 4. 能进行猪瘟的免疫接种 5. 能进行鸡新城疫的免疫接种 6. 能进行炭疽的免疫接种 7. 能进行布鲁氏菌病的免疫接种 8. 能进行狂犬病的免疫接种	1. 重大动物疫病的免疫接种程序 2. 免疫接种的分类 3. 紧急免疫接种的概念 4. 紧急免疫接种的注意事项

（续表）

职业功能	工作内容	技能要求	相关知识
三、监测、诊断样品的采集与运送	（一）样品的采集	1. 能进行家禽喉拭子、泄殖腔拭子和羽毛的采集 2. 能猪扁桃体、鼻腔拭子、咽拭子和肛拭子的采集 3. 能进行牛羊咽食道分泌物的采集 4. 能进行粪便样品的采集 5. 能进行生殖道样品的采集 6. 能进行皮肤样品的采集 7. 能进行脓汁的采集 8. 能进行尿液的采集 9. 能进行关节及胸腹腔积液的采集 10. 能进行乳汁的采集 11. 能进行脊髓液的采集	1. 各类样品采集的方法 2. 各类样品采集的注意事项
	（二）样品的保存与运送	1. 能保存和运送血清学检验用样品 2. 能保存和运送微生物检验用样品 3. 能保存和运送病理组织检验用样品 4. 能保存和运送毒物中毒检验用样品	1. 样品的保存方法 2. 样品包装要求 3. 样品运送的方法及注意事项
	（三）常用组织样品保存剂的配制	1. 能配制甘油缓冲溶液 2. 能配制磷酸盐缓冲液 3. 能配制饱和食盐水溶液 4. 能配制福尔马林溶液	1. 常用组织样品保存剂的种类 2. 常用组织样品保存剂的配制方法
四、药品与医疗器械的使用	（一）药品剂型	1. 能区分液体剂型 2. 能区分固体剂型 3. 能区分半固体剂型 4. 能区分气体剂型	1. 液体剂型的分类 2. 固体剂型的分类 3. 半固体剂型的分类 4. 气体剂型的分类
	（二）器械使用	1. 能识别和使用常用的外科、产科器械 2. 能使用和保养手提高压蒸汽灭菌器	1. 外科器械的识别和使用方法 2. 产科器械的识别和使用方法 3. 手提高压蒸汽灭菌器的使用方法及注意事项

（续表）

职业功能	工作内容	技能要求	相关知识
五、临床观察与给药	（一）临床症状观察	1. 能对动物进行临床检查 2. 能识别患病动物皮肤和可视黏膜的病变	1. 临床检查的基本方法及操作步骤 2. 患病动物的皮肤病变特点及检查方法 3. 患病动物黏膜病变的特点及检查方法
	（二）尸体剖检	1. 能对病畜禽尸体进行剖检 2. 能识别畜禽组织器官的常见病变	1. 畜禽尸体剖检方法 2. 畜禽组织器官常见病变的表现
	（三）常见寄生虫检测方法	1. 能用漂浮法检查寄生虫卵 2. 能用皮屑溶解法检查螨虫 3. 能用血液涂片法检查畜禽的原虫	1. 漂浮法检查虫卵的检查方法 2. 皮屑溶解法检查虫卵的检查方法及注意事项 3. 血液涂片检查虫卵的检查方法
	（四）变态反应试验	1. 能进行牛结核变态反应试验和判定试验结果 2. 能进行马鼻疽点眼试验和判定试验结果	1. 牛结核皮内变态反应试验原理、操作步骤及结果判定 2. 马鼻疽菌素点眼试验操作步骤及结果判定
	（五）给药	1. 能进行胃管投药 2. 能进行瘤胃穿刺给药 3. 能进行马盲肠穿刺给药 4. 能进行静脉注射 5. 能进行瓣胃注入给药 6. 能处理药物的副反应	1. 药物不良反应的处理方法 2. 胃管给药操作步骤及注意事项 3. 瘤胃穿刺给药操作步骤及注意事项 4. 马盲肠穿刺给药操作步骤及注意事项 5. 静脉注射给药操作步骤及注意事项 6. 瓣胃注入给药操作步骤及注意事项
六、动物阉割	（一）成年母畜的阉割	1. 能阉割成年母猪 2. 能进行阉割后处理	1. 成年母猪的阉割操作及注意事项 2. 阉割的继发症及其处理

（续表）

职业功能	工作内容	技能要求	相关知识
六、动物阉割	（二）成年公畜的去势	1. 能阉割成年公畜 2. 能进行阉割后处理	1. 公牛去势的操作步骤及注意事项 2. 公羊去势的操作步骤及注意事项 3. 公马去势的操作步骤及注意事项
七、患病动物的处理	（一）建立病历	能书写病历	1. 病历书写方法 2. 病历书写注意事项
	（二）内科病处理	1. 能对畜禽常见消化系统内科疾病进行处理 2. 能对畜禽常见呼吸系统内科疾病进行处理	1. 畜禽常见消化系统内科疾病的诊断及处理方法 2. 畜禽常见呼吸系统内科疾病的诊断及处理 3. 其他内科疾病的诊断和处理
	（三）外科病的处理	1. 能对畜禽普通外科病进行处理 2. 能对非开放性骨折进行固定	1. 畜禽普通外科病的诊断和处理 2. 非开放性骨折的固定方法

3.3 高级

职业功能	工作内容	技能要求	相关知识
一、动物卫生消毒	（一）消毒	1. 能进行疫点、疫区消毒的操作 2. 能进行病畜禽尸体、病畜禽产品的无害化处理 3. 能使用消毒液机制备消毒液	1. 疫点、疫区消毒的程序、原则和操作步骤及消毒人员注意事项 2. 病畜禽尸体、病畜禽产品的无害化处理操作方法 3. 消毒液机的使用原则
	（二）重大疫病的消毒	1. 能进行高致病性禽流感的消毒 2. 能进行口蹄疫的消毒 3. 能进行高致病性猪蓝耳病的消毒	1. 高致病性禽流感疫情的消毒原则、方法及注意事项 2. 口蹄疫疫情的消毒原则、方法及注意事项 3. 高致病性猪蓝耳病疫情的消毒原则、方法及注意事项

（续表）

职业功能	工作内容	技能要求	相关知识
一、动物卫生消毒	（三）消毒效果监测	1. 能对物品、环境表面及空气消毒效果进行监测 2. 能对手、皮肤及黏膜消毒效果进行监测	1. 紫外线消毒效果的监测方法 2. 物品和环境表面及空气消毒效果的生物学监测法 3. 手、皮肤及黏膜消毒效果的监测
二、预防接种	（一）生物制品的使用	能选择使用活疫苗和灭活疫苗	1. 减毒活疫苗的概念和作用机理 2. 灭活疫苗的概念和作用机理
	（二）免疫接种	1. 能评估免疫效果 2. 能分析免疫失败的原因 3. 能判断和处理免疫接种后的不良反应	1. 制定免疫程序的依据 2. 免疫效果的评估方法 3. 动物免疫失败的原因 4. 接种后不良反应的分类及处理方法
三、监测、诊断样品的采集与运送	（一）病死畜禽的解剖与病变组织器官的采集	1. 能采集家禽的活体或尸体 2. 能采集动物实质器官和其他样品 3. 能保存和运送病料 4. 能采集高致病性禽流感、新城疫、猪瘟和口蹄疫监测、诊断样品	1. 病死动物的采样原则 2. 实质器官的采取与保存 3. 肠道及肠内容物样品采集 4. 皮肤样品的采集与保存 5. 脑组织的采集与保存 6. 其他样品采集与保存 7. 主要动物疫病监测、诊断样品采集部位
	（二）样品采集生物安全与防范	1. 能进行无菌操作 2. 能在采集病料时做好生物安全防护	1. 采样的生物安全措施 2. 运输样品的包装原则 3. 运输样品用的冷冻材料种类
四、药品与医疗器械的使用	（一）药品保管	能分析药物在保管过程中失效的原因	引起药物失效的因素
	（二）器械的保管	1. 能对常用电热设备进行保管和维护 2. 能对普通显微镜进行保管和维护	1. 常用电热设备的构造及使用和注意事项 2. 普通显微镜的使用、保养及注意事项
	（三）器械的使用	1. 能使用离心机离心样品 2. 能使用超净工作台处理样品	1. 离心机的使用及注意事项 2. 超净工作台的使用方法

（续表）

职业功能	工作内容	技能要求	相关知识
五、临床诊断与给药	（一）主要动物疫病临床诊断	1. 能通过临床症状及病理变化对动物疾病进行初步诊断 2. 能进行畜禽血液、粪便及尿的常规检验	1. 重大动物疫病和人畜共患病的临床表现、病变特点和诊断要点 2. 重要猪病、牛病、羊病的临床表现、病变特点和诊断要点 3. 重要禽病的临床表现、病变特点和诊断要点 4. 重要兔病的临床表现、病变特点和诊断要点
	（二）动物寄生虫病的诊断	1. 能诊断球虫病 2. 能诊断螨病 3. 能诊断猪旋毛虫病 4. 能诊断血吸虫病	1. 日本血吸虫病的临床症状、检查方法和诊断要点 2. 牛羊绦虫病、螨病的临床症状、检查方法和诊断要点 3. 弓形虫病的临床症状、检查方法和诊断要点 4. 猪旋毛虫病的临床症状、检查方法和诊断要点 5. 鸡球虫病的临床症状、检查方法和诊断要点 6. 兔球虫病、螨病的临床症状、检查方法和诊断要点
	（三）给药	1. 能进行气管注射给药 2. 能进行胸腔注射给药	1. 药物的配伍禁忌类型 2. 常用药物配伍禁忌 3. 气管注射给药操作步骤及注意事项 4. 胸腔注射给药操作步骤及注意事项
六、患病动物的处理	（一）中毒性疾病的处理	1. 能根据临床症状诊断中毒性疾病 2. 能处理中毒性疾病	1. 中毒性疾病处理的一般原则 2. 动物常见中毒性疾病的诊断要点及处理
	（二）产科疾病的处理	1. 能处理常见产科疾病 2. 能进行剖腹取胎	1. 乳房炎等常见产科疾病的诊断及处理 2. 剖腹取胎术的操作步骤及注意事项 3. 其他产科疾病处理相关知识

（续表）

职业功能	工作内容	技能要求	相关知识
六、患病动物的处理	（三）传染病的处理	1. 能初步判断可疑重大动物传染病 2. 能初步处理动物传染病	1. 传染病的处理原则 2. 主要动物传染病的防治技术规范

4. 比重表

4.1 理论知识

	项目	初级（%）	中级（%）	高级（%）
基本要求	职业道德	5	5	5
	基本知识	30	30	30
相关知识	动物保定	5	—	—
	动物卫生消毒	5	5	10
	预防接种	10	10	5
	监测、诊断样品的采集与运送	5	5	10
	疫苗、药品与医疗器械的使用	5	5	5
	临床观察与给药	15	15	15
	动物阉割	5	5	—
	患病动物的处理	15	20	20
	合计	100	100	100

4.2 技能操作

	项目	初级（%）	中级（%）	高级（%）
技能要求	动物保定	5	—	—
	动物卫生消毒	15	10	15
	预防接种	20	20	20
	监测、诊断样品的采集与运送	5	10	15
	药品与医疗器械的使用	10	10	10
	临床观察与给药	20	20	20
	动物阉割	10	10	—
	患病动物的处理	15	20	20
	合计		100	100

参考文献

［1］陈溥言. 兽医传染病学［M］.第五版. 北京：中国农业出版社，2007.

［2］陈焕春. 规模化猪场疾病控制与净化［M］.北京：中国农业出版社，2000.

［3］宣长和，任凤兰，孙福先. 猪病学［M］.北京：中国农业科技出版社，1996.

［4］王阳伟. 畜禽传染病诊断技术［M］.北京：中国农业大学出版社，2007.

［5］丁壮，李佑民. 猪病防治手册［M］.北京：金盾出版社，2005.

［6］李淑云. 动物防疫员工作手册［M］.北京：民族出版社，2004.

［7］沈永恕，吴敏秋. 兽医临床诊疗技术［M］.北京：中国农业大学出版社，2009.